夢みる野菜　能登といわき遠野の物語

夢みる野菜

能登といわき遠野の物語

細井勝
HOSOI Masaru

論創社

はじめに

地中海にまるでロングブーツのように飛び出しているイタリアと似た日本の半島に、長靴を逆さまにしたような形で日本海に突出している能登半島がある。

半島先端部の日本海側には険しい岩場が続いている。一部に切り立った崖がないではないが、磯に面した複雑な海岸線の多くはつづら折れの道路で結ばれている。そここに小さな漁港の船だまりがあり、一年を通して強い潮風や季節風が突き刺さる半農半漁の集落がぐるりと半島の突端を取り巻くように点在している。

そうした能登の先端に珠洲(すず)市がある。最新の国勢調査に基づく平成二七(二〇一五)年一〇月一日現在の速報人口は一万四六三一人、世帯は六三四八(二〇一六年二月末の住民基本台帳による）を数える。国立社会保障・人口問題研究所の統計資料をもとにした集計によれば、このまちは全国の七九〇市の中でもっとも人口が少ない自治体の一つであり、平成二七（二〇一五）年一〇月の時点では、七八四位となっている。この集計において珠洲市より人口が少なかった市は、高知県の土佐清水市、室戸市、北海道の赤平市、夕張市、三笠市、歌志内市しかなく、その後も変動がないとするなら、本州では一番人口が少ない市ということになる。

もとより、六五歳以上の老年人口が占める割合も、全国上位クラスにあり、このまちの人口の推移は展望するまでもなく、働き盛りの労働人口は次第に減少を続け、一次、二次、三次産業のどれ一つをとっても、明るい未来を見通すことは難しい。

石川県の県庁所在地である金沢市から車を走らせても、一路北上して珠洲市内へ着くのに三時間近くは要してしまう。同じ金沢から北陸自動車道を南下すれば、京都へ着いてしまう所要時間とほとんど変わらない。

この閉塞感、あるいは、四囲を海にさえぎられ、ともすると、最果ての袋小路に閉じ込められて生きるやりきれない気分は、若い世代を都会に走らせてしまいがちだ。

このまちに原子力発電所の建設計画が浮上したのは昭和五〇（一九七五）年だった。将来への夢も展望もないのならと、珠洲市が誘致を表明し、通産省（現在の経済産業省）が電力会社の営業区域を超えた広域の共同開発を促した。これに伴って翌年、関西、中部、北陸の三電力会社が構想を打ち出している。計画地になったのは高屋（たかや）地区と三崎町寺家（じけ）地区。いずれも美しい海と緑豊かな里山が広がる地域だが、賛否をめぐって住民は二分され、ほのぼのと睦みあってきた旧知のあいだにとげとげしい空気が流れた。市長選や石川県議会議員選挙、市議会議員選挙のたびに原発誘致、反原発は大きな争点と化し、珠洲市に暮らす人々の心もすさんだ。

この原発計画はやがて、平成一五（二〇〇三）年に三電力会社が「電力自由化の厳しい経営環境」を理由に計画凍結を申し入れたことで立ち消えとなり、同時に、誘致した原発を起爆剤に生き残りたいと模索した地元自治体の切なる夢もまた断ち切られた。

原発を核に据えた壮大な夢がついえて十数年、いま、このまちに残ったのは、昔と変わらぬ自然と向き合う素朴な営みと、ゆったり流れる時間と言えばいいのだろうか。派手やかな都会の喧騒（けんそう）とは無縁の無垢な暮らし、変化に乏しい毎日が息苦しいのか、このまちで育った若者の多くは高校を卒業すると、都市部の金沢や東京、大阪、名古屋といった大都会へ流出することが当たり前のようになり、こうした傾向はいまもなお変わっていない。

しかし、同世代の若者たちが背を向けて遠ざかろうとするこの珠洲市に、小さな農業生産法人を立ち上げ、従来の慣行農法とは異なる無化学・無農薬という生産方法で野菜を栽培し、ブランド化を目指そうと動き出した若い群像がいる。彼らが目指すのは、手間暇のかかる無化学・無農薬農業を可能な限り大規模に展開し、能登半島の奥能登と呼ばれる先端エリアを付加価値の高い野菜の供給地に育ててあげることであるという。

あえて、古里の半島の突端に踏みとどまって土にまみれ、汗みどろになって大地と格闘を続ける彼らの人生観、夢のモチベーションはどこにあるのだろう。

このまちは半島によって、都会から隔絶されている。流行の最先端と呼べるものなど何もない。

むしろ、時代の流れから取り残されるがまま、静かに歳月を刻んだ田舎なのだが、だからこそ、周囲に豊かな自然が残り、古くからの生活文化、厚い信仰心に根差した優しい精神文化が凝縮して息づくところに都会にはない魅力を感じてしまう。

日本中に東京を模倣したような金太郎アメさながらの二流、三流の都会がひしめくなか、大きな半島の行き止まりであるがゆえ、まるで「ゆりかご」のように人の営みを静かに包み込んできた珠洲市はまさしく日本の原風景が残る「一流の田舎」であると言っていい。

　そうした土地で、何一つコントロールできない自然を相手に、飄々と個々の将来の夢をつかみ取ろうとする若者たちの徒手空拳は、いつか輝かしい展望を開いていくのか、それとも無謀についえてしまうのか。だが、「社会的な地位や名誉などとは無縁の存在であっていっこうにかまわない」と言い切る彼らの表情は穏やかだ。

　二次、三次産業がふるわないのなら、むしろ、農業という一次産業の新しい地域の担い手を目指したい。そう心に刻んで愛すべき古里の大地に踏みとどまり、黙々と生きていこうとする彼らの一徹な仕事ぶりは、まぶしい光に満ちている。

　彼らが「夢みる野菜」とはいかなるものなのか、「筋金入りの田舎」で繰り広げられる大地への挑戦は何を芽吹かせていくのか……。彼らの野菜にぞっこんほれ込んで斬新な食品加工に乗り出した、やはり古里の再生に気骨を見せる福島県いわき市遠野の農業生産法人の息づかいにも迫りながら、夢を追う群像の果敢な姿に密着した。

夢みる野菜　能登といわき遠野の物語

目次

第二章 無化学・無農薬農業への挑戦 …… 047

第四章 夢の舞台は世界農業遺産 129

第六章 広がる連携と共感の輪 221

第一章

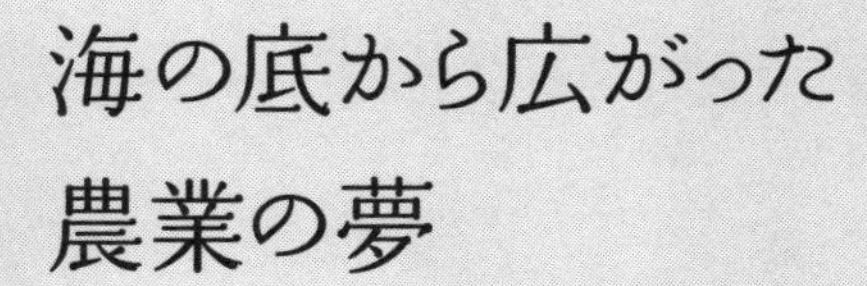

海の底から広がった農業の夢

海があえいでいる

一徹な夢は能登の海の底から広がった。

夢の主役は足袋抜豪（たびぬきごう）という名のプロのスキューバダイバーである。珠洲市生まれの足袋抜は、一〇年ほど前から仕事で能登半島の海に潜る機会が増え、何度も潜っているうちに、ひどく違和感を抱くようになった。

「能登の海はやせ細っている。昔はこんなではなかったのに、なぜなのだろうか」

足袋抜によれば、暖流である対馬海流が日本海の沿岸に沿って北上するため、日本海に突き出した能登半島、とりわけ半島北岸の沿海は魚介類が豊富な母なる海といってよい。昔から多彩な海藻類が繁茂し、そこへ小魚が集まり、小魚を捕食する大型魚類の姿も多かった。ところが、足袋抜が目にした海岸線間近な海の中は海藻がまばらで泳いでいる魚類も少なかった。

「大げさに言えば、やっと息をしている海といった感じでしょうか。以前は緑色や赤褐色のさまざまな海藻が茂って躍動する生命観を感じたのに、近年の能登の海には命が躍るような力強さが乏しく、どこへ潜ってみても、海があえいでいるように思えてなりませんでした」

疑問を抱いた足袋抜の思案は次第に深くなっていく。その過程で思い至ったのが半島の暮らしの形に起因するのではないかということだった。

暮らしの形に起因するとは、どういうことなのか。半島突端の珠洲市を中心とする奥能登地域の海岸線には、いくつもの小さな集落が少しの間隔をおいて連続的に点在している。ゆえに、総人口が少ない自治体とはいえ、広い範囲にわたって人の営みが見られないエリアはない。海岸部であれ、山間部であれ、どの集落にも、住む人は少なくても住民が暮らし続けており、海岸集落の周辺にしろ、丘陵地帯の集落周辺しろ、小さな畑が無数に散らばって存在している。

足袋抜 豪

足袋抜が思い至ったのは、そうした集落からの生活雑排水が多少は影響していることに加えて、珠洲市内の一円で耕されている畑で長いあいだ使用され続けてきた化学農薬が雨水などに溶けて海へ流れ込んでいるのに違いないということだった。

広い平野であれば、化学農薬は時間をかけて、それぞれの場所で濃度が薄くなり、川の流れを介して海に注ぐとしても、環境に与えるダメージはそう大きくない。

これに対して、なだらかに起伏した丘陵が広がる珠洲市では、平野のように農薬が同じ場所にとどまることは少なく、雨水に溶け込んで短時間のうちに流出してしまう。しかも、丘陵の稜線から同時に日本海と富山湾が見渡せるほど、海までの距離がないこの土地では、どちらに雨水が流れるにせよ、農薬は自然に希釈されることもなく、海へ流れ込んでしまう。

海が好きでたまらない。わけても古里の海を愛するがゆえ、その海を再生させる手立てを考えあぐねた末、足袋抜が選んだのは、自分自身が農家に転じて、海はもとより、あらゆる自然環境に優しい農業を実践する道だったのである。

ならば自分は何をなすべきかを考え、果敢な行動に打って出たところは、宮城県の気仙沼市で代々カキやホタテの養殖漁業を行ない、やはり海の栄養がやせ細っていることに気づいて、気仙沼湾に注ぐ大川の上流山間地で大規模な植林事業を手掛けた畠山重篤（しげあつ）氏と似ている。

畠山氏は著書『森は海の恋人』（北斗出版・文春文庫）などで広く知られ、平成二四（二〇一二）年には国連のフォレスト・ヒーローズ（森の英雄）に選ばれたほか、同じ年には第四六回吉川英治文化賞を受賞するなど、自然を大きな視点で見据え、豊かな自然環境を保全し、守り育てる言動で高く評価されている人だ。

暮らしの糧を授けてくれる海の行く末を思い、陸に上がって果敢に動いた畠山氏のような先哲が同じ日本の東北に実在していることを足袋抜は知っていた。やはり自分にとってかけがえのない海の行く末を案じて、農業という未知の世界に突き動かされていく姿は、彼我の有名、無名を超えて畠山氏に通じる大きな覚悟を秘めた一途さを物語っている。

こんな経緯の後に立ち上げられた農業生産法人はベジュール合同会社と命名された。足袋抜は代表に就いている。水中カメラマンとしても活躍した時期が長く、撮影した画像データを要領よくパソコンに取り込み、パワーポイントに映し出すなど、IT技術の扱いにも熟達しているだけに、足袋抜は「自分の持てる能力をフルに動員して、自分たちの存在、安全な野菜を全国区にしたい」と考えている。そこには、「自給自足で安全な野菜を育てたい」という、こじんまりした発想などはない。

目指すのは、あくまでも無化学・無農薬の野菜栽培に特化した農業生産法人であり、いまは夢の入口に立っている。夢とは、無化学・無農薬農業を生まれ故郷に根付かせて、化学農薬を使った慣行農法とは対極にある生産方法のメッカにすることである。

目下は「能登に足を運ばなければ口にできない極上の野菜をブランド化し、奥能登の農業の姿を変える一石を投じたい」という夢の途中にある。

　筆者がベジュールの野菜と巡り合ったのは、平成二五（二〇一三）年の春だった。人づてに、彼らが育てた野菜の安全性と自然の旨みの豊かさを聞きつけ、ある日、段ボールひと箱分の野菜を取り寄せてみた。

「もしも」の奇跡を期待させた野菜

　届いた箱の中には、ニンジン、ダイコン、カブ、コマツ菜などが入っていた。およそ四〇センチ四方、深さ三〇センチほどの箱一個の詰め合わせで値段は七千円ほど。スーパーで買い求める野菜の値段を思えば、数倍も高かったが、すぐに箱を開けて食べたニンジンやダイコンのスライスの甘み、シャリッとした噛みごたえは、野菜の素人である自分にして「こんなの食べたことない」と驚くほど強烈な印象だった。

　当時、筆者の妻は癌を患っていた。試食の場には彼女もいたが、一口食べた反応は全く同じだった。もともと小食なたちで、そのうえ抗癌剤の副作用で食欲も落ちていただけに、「この野菜なら一口でも多く食べられそう」と喜ぶ言葉を聞けたことが嬉しかった。

以来、彼女は少しずつ、自分のためと家族のためにベジュールの野菜を料理に使い、知人から教わったレシピに従って調理した野菜スープも飲むようになっていく。一、二カ月すると体調がわずかずつ上向いた様子で、持ち前の明るい表情も取り戻してくれた。

何よりも驚いたのは、定期的に通院して抗癌剤の投与を受ける際の血液検査で、腫瘍マーカー（腫瘍が作り出す物質で、腫瘍の有無や症状の進み具合の目印となるもの。血液中あるいは尿中の濃度を測定し、一般に数値が高いほど腫瘍は重いと診断される）の数値が下がり始めたことだった。

この時点でもなお、「数値の好転はきっとあの野菜のおかげ」などと彼女は言わず、自分の体の変化には慎重だった。ところが、夏から秋口にかけて継続して野菜を取り寄せ、食しているあいだも、腫瘍マーカーは緩やかに下降を続け、一〇月には二人で旅行に出かけられるほど、体力も持続できていた。

だが、野菜を初めて食べた時期がすでに末期のころだったから、起死回生と思えた健康野菜の食事療法にも限界があったのだろう。妻の症状は初冬になって急変し、平成二六（二〇一四）年の年明けに息を引き取った。

残念なことに「もしかして」「よもや」と胸に去来していた奇跡が起きることはな

かった。それでも、ほんの一時期とはいえ、本人と家族に希望を抱かせてくれた野菜の存在が忘れられない。やがて、「あの野菜を育てているのは、どんな人たちなのだろう」とする思いが募り、傷心もいくぶん癒えた同年八月に珠洲市をおとずれ、足袋抜や土にまみれた仲間たちの姿を目にした途端、取材してみようと決めていた。

彼らの畑は珠洲市内のいたるところに点在していた。富山湾に面した砂浜に近い一角、住宅地のあいだの、うなぎの寝床のような細長い土地、山裾の農家から借り受けた数棟のビニールハウス、くねくねと曲がりながら丘陵の頂上に至る林道わき、日本海を見下ろす灌木の林の中に切り開かれた小さな畑……。いずれも面積は小さく、案内された畑の一つひとつを見ている限り、これが「若者たちの夢を叶える希望にあふれた場所」などとはどうしても思えなかった。

社屋も倉庫も金もない

資本金もわずかで、社員も一〇人に満たない貧弱な会社であるためか、本社と呼べる場所も収穫した野菜を集荷して発送する自前の倉庫もない。

彼らは、この決して良好とは言えそうにない仕事環境に身を置きながら、ひたすら土壌の改良、効果のある無化学肥料の工夫、化学物質を完全に排した手作りの農薬の試験を繰り返している。

小さな畑は平成二七（二〇一五）年の秋現在、珠洲市内に十カ所を数え、これらを合わせた耕作面積は約七㌃におよんでいる。足袋抜によれば、耕作地はすべて珠洲市や市の仲介で借り受けた土地だという。彼らは、山間地、海岸部など、それぞれの土地で繁殖している菌塊を採取培養して、肥料に混ぜ込んでいる。畑一つひとつの特性、その土地固有のアイデンティティを重視して、時間と手間を惜しまない作業は際限がない。

足袋抜たちの畑の一つひとつが小さく、市内一円に点在しているのにはわけがある。珠洲には広い土地がほとんどなく、中心市街地を取り囲むように広がるなけなしの平地はほとんどが水田として使われている。このため、野菜の栽培は平地に残ったわずかな土地と、丘陵地、丘陵の狭い谷筋を分け入った場所などで細々と続けられ、機械化による大規模農業が普及する余地はない。

こうした土地の多くは自家栽培の畑として使われているケースが多いとみられるが、急速に住民の高齢化が進んだ結果、櫛の歯が欠けるように廃業してしまう農家が増え、次第に荒れ放題となっていく畑がここ近年、目についてきた。

足袋抜たちが借り受けるのは、主にこうした棄農地である。しかし農地として登録された土地である以上、持ち主は耕作を放棄したとはいえ草刈りをしないわけにはいかない。そうした手間暇が省けるだけでも、年老いて引退した農家には願ってもないことらしい。このため、賃料を要求しない地主もいて、資金不足にあえぐ彼らも助かっている。

風当たりの強いしがらみの土地

とはいえ、農家といえば長年、農協の傘下にあって、いまもJAの下で営農指導を受ける人たちが大勢いる土地で、古くからのしがらみの外に立ち、JA主導の農業に背を向けようとする若者たちへの風当たりはややもすると強くなる。案の定、若者たちの理想には内心、共感を寄せていても、表だって協力を申し出てくれる農家、農業関係者は数少ない。

だからといって、足袋抜の心がささくれだつことはない。容易に手が届く目標ではなく、追いすがろうとしても届かない夢を追うからこそ、心を無にして走り続けていられる。足袋抜は走り続けることが苦にならない。むしろ、黙々と努力を続けていられる自分の芯の強さを自覚することにより、モチベーションは高まり、ますます夢を追い続けていける。

無化学・無農薬農業が難しければ、経験を積んで勉強を重ねていけばそれでいい。強いしがらみに包囲され、地元珠洲市での身動きがままならないのなら、遠くの場所で支援者や応援団を増やしていけばいいじゃないか――。

足袋抜の思考はいつも軽やかで、恨みがましい言葉を発することもない。絶えず、包み込むような微笑みを浮かべて人と接しているからなのか、思いつめた求道者のような暗いオーラに触れることもない。

この心の強さはどこからくるのだろうか。足袋抜はいま三七歳。その人物像に迫って強く感じたのは、自分をいじめ抜いてなお飄々と前を向くアスリートの潔さであった。

足袋抜は昭和五三(一九七八)年五月一九日、石川県珠洲市熊谷(くまんたん)町のサラリーマン家庭に長男として生まれた。育ったのは珠洲市内の中心市街地にほど近い平野部の集落で、父は北陸電力に勤め、農家ではないものの、自家消費のための畑と水田があった。

小学校一年生のころに野球を始め、すぐに夢中になった。生まれて初めて抱いた夢は、プロ野球選手になること。幼いながらに努力をいとわない野球少年だったというから、夢は見るものじゃない、叶えるものと考える素養はこのころからすでにあったのだろう。

当時、珠洲市内に七つあった少年野球チームの一つに入団すると、マウンドで独り相手打線と向き合うピッチャーでずっといたかった。中学卒業までピッチャーで通したが、海が近いのに、肩を冷やさないように心掛けたため、海に入ることはほとんどなく、二〇歳まで泳げなかった。

中学を卒業して進学したのは金沢市立工業高校の機械科だった。この高校は公立高校ながら、甲子園に出たこともある地元では名門の野球部があった。同高のスポーツ強化のため能登方面に相撲部、野球部、バスケットボール部の選手のスカウトにおとずれていた珠洲出身の濱野文雄相撲部監督（現在は東洋大学相撲部監督）が、獲得選手リストに名前のあった足袋抜の自宅をおとずれ、両親を説得してくれなかったら、親元から遠く離れた高校の野球部に入部することはなかっただろう。

甲子園を夢見た高校球児

野球部の寮には、能登の珠洲市や輪島市の中学から入部した選手六人がいた。慣れない共同生活ではあったが、足袋抜は中学までとはまるでレベルの違う野球漬けの毎日に酔いしれた。高校ではショートを守った。チームには速い球を投げる投手、緩急に優れた技巧派の投手がすでにいて、少年のころから自分の居場所として独り占めしてきたマウンドに立つことは叶わなかったが、無心に仲間と白球を追い、甲子園出場の夢に向けて汗と涙を流した日々は、やがて足袋抜の生きる原点の一つになっていく。

二年生夏の石川県大会では、準々決勝にコマを進めた。対戦相手はすでに全国区の強豪として知られ、巨人軍の不動の四番から大リーガーになった松井秀喜の母校、星稜高校だった。試合はもつれたが、最後に力尽きた。この年、星稜は甲子園で勝ち進み準優勝している。当時の星稜のエース、山本省吾投手はその後、慶応大学からプロ野球へと進み、オリックスなどで活躍した。

野球漬けの毎日は高校三年の夏で終わり、足袋抜は翌年の春、推薦で金沢市内の私立北陸大学へ進んだ。北陸では唯一、薬学部のある私立大学として知られるが、アイスホッケー部や野球部の後押しに熱心な大学だった。外国語学部中国語科に入学した足袋抜は野球部に入って再び白球を追うことになる。

だが、入学して初めて迎える北陸大学野球秋季リーグの開幕が目前に迫ったころ、一学年上の先輩部員がノック練習の直後、突然心臓マヒで昏倒し、そのまま亡くなってしまう出来事が足袋抜を変えた。

「その先輩は兵庫県の出身で、あの阪神大震災で被災しながら、危うく難を逃れて生きのびた人でした。倒れる直前まで、いつもと変わらず、さっそうとグラウンドに立っていたのに、一瞬で命を失った衝撃で、僕は考え込んでしまったんです。このまま好きな野球を楽しむためだけに大学に通っていていいのだろうか。プロになれるはずもないのに白球を追い、外国語学部を卒業してどんな仕事に就くのか一度として考えたこともない自分はいったい何者なのか」

野球をしたいだけ、その一念で推薦入学した大学は確かに居心地がよかった。だが、先輩の死を境に「人生がこんなにはかないものなら、生きているあいだにしておくべきことが他にあるはず」と思い詰めるようになっていく。足袋抜は初めて夢見心地の日常から目覚めて己の行く末を考え始め、人生の目標には掲げられなくなった野球漬けの生活から足を洗うことを決心する。

それまでの足袋抜は「勝負がすべて」という価値観だけにとらわれた野球選手だっ

た。だからこそ、改めて「勝ち負け」という一言ではくくれない生き方を見つけたい、世間に役立つ仕事に就いて有意義な生活を送りたいと考え、一年次が終わると大学を退学した。痛々しい覚悟を秘めた一九歳の人生の船出であった。

そんな折、ふと目にした雑誌にダイビングスクールの広告が載っていた。「泳げなくても始められる」とくっきり書いてある宣伝コピーに見入っているうち、「やっぱり僕の天分は体を動かすことなんだ。あえてスポーツ系の仕事を避ける必要はない」と気がついた。

人を感動させる仕事に就きたい

普通のジムのトレーナーをしても客を楽しませるのは難しい。しかし、足袋抜は喜ばせることを超越して感動させられる仕事にこそ、やりがいを見出せると考え、親密な人間関係が不可欠で、信頼という絆で仕事ができるスキューバダイビングの世界に飛び込んだ。

足袋抜が門を叩いたのは、金沢市内の中心部にあったダイビングショップ、アミューズマリンクラブだった。当面の目標はインストラクターの資格を得ることだったが、店を経営する森山知明社長の話を聞いていくうち、「真面目にやればプロの道もそんなに高いハードルではない」と直感した。大学で外国語をかじった直後であったせいか、インストラクターになったあと、外国のリゾート地へ渡って指導経験を積む淡い夢も膨らんだ。

ところが、ダイバーの仕事にはリゾート型と都市型の二種類あって、リゾート型は短期間のレジャーで海をおとずれる人たちの一過性のサポートをするだけで、人間関係が深まるほどの付き合いにはなりにくい。これに対して、ダイビング専用プールを備えた店舗でイロハから潜水技術を教え込む都市型のインストラクターの仕事は、手取り足取り指導した客と一生の付き合いが続くことがあることを知り、そのままアミューズマリンクラブに腰を据え勉強を始めた。

それから一年後、足袋抜は見事にインストラクターの資格を手にした。当時、金沢市にあった店は数年後、隣接する野々市(ののいち)市に移ったが、幸い、この店は全国でも指折りの優秀な店で、社長自身がインストラクターをトレーニングできるトップクラスの資格を有していた。足袋抜はインストラクターの資格を得てからも、この人の下でハイレベルの訓練を受け続け、インストラクターの最高位になるまで実力を磨き上げた。

アミューズマリンクラブに所属するプロのインストラクターとしておよそ一〇年を

過ごしたあいだ、足袋抜は日本海側では屈指の潜水スポットとして知られる福井県の越前海岸を中心に潜った。女性客の多いショップだったが、女の子にはもてず、年配の男性客たちにかわいがられた。

プロのダイバーから足を洗う

ひたすら潜ることに夢中で、お洒落には無関心、もともとシャイでもあったから、若い女性客と軽妙な話をするのも苦手だったことが、おじさん受けするダイバーにしてしまったのだろう。年配の常連客たちからは「君と潜ると安心感がある」とよく言われた。命の危険を伴う海中で、客に「大丈夫」と言うからには、どうして大丈夫なのかを伝えなければならない。

ダイビングショップの社長から学んだのは、自分に命を預けてくれる顧客に、的確に安全の根拠を伝える情報伝達力だった。心の内に不安や怯えを抱えた顧客のストレスを逃がしながら、楽しませ、安全を確保するインストラクターの技術やマーケティング、経営マネジメントの基本も叩き込まれた。

一〇年が過ぎ去るのは速かった。愚直にダイビングの仕事と向き合い、客とのコミュニケーションの一つにと始めた水中写真の腕前を上げ、プロの写真家としても高い評価を受けるようになっていた足袋抜は再び前途に悩みを抱き始めていく。

「リーマンショックの影響で、それまで安定していたダイビング業界の市場が縮小に転じたころだったでしょうか。当時の会社の業績は決して悪くはなかったのですが、命を託した絆があるとはいえ、サービス業に身を置くうち、商業的な感覚に僕自身がならされ、違和感を覚えるようになったのです。社会との関係もレジャーの補完ビジネスに過ぎないと思うようになり、いつの間にか、もっとほかにすべきことが自分にはあるはずだと考え込むようになっていったのです」

三一歳になった年に転機はおとずれた。国連大学が日本に置いた初の学術拠点、国連大学高等研究所いしかわ・かなざわオペレーティング・ユニットのあん・まくどなるど所長（カナダ人女性）との出会いであり、これを機に、足袋抜の人生観や世界観は一気に広がった。

そのころの石川県は里山里海やＣＯＰ10（二〇一〇年に名古屋市で開催された生物多様性条約締約国会議の第一〇回会議）の事業に関するビジュアル資料が不足していて、能登半島を世界農業遺産に認定してもらう取り組みの弱点にもなっていた。

国連機関の調査がもたらした道

まくどなるど氏は初めて会った足袋抜が撮りためていた海中の写真や映像に高い関心を寄せ、あるとき、資料提供という形で協働できないかと持ちかけてくれた。まくどなるど氏は日本の海や海女を海外に発信したいとも言い、足袋抜の写真は次第に国連機関の報告書や啓発活動に重要な役割を帯びるようになっていく。

思いがけなく関わった国連の調査、その延長線上に見えてきた能登の世界農業遺産認定は足袋抜の心を次第に揺り動かしていく。「自然や文化を伝える仕事は胸を張っていい堂々たる仕事かもしれない」。こうした思いが背中を押すようになると、心も再び古里に回帰したのだろう。足袋抜はダイビングショップを辞して能登に戻る決心を固めると、平成二一（二〇〇九）年、珠洲の実家に舞い戻った。

帰郷した当初の仕事は、能登や日本の環境を紹介するドキュメンタリーを作るため、COP10の研究者に海の写真や映像を提供することだった。帰郷した直後、足袋抜は自分が撮りためた膨大な画像や動画データを管理するほか、新たに舞い込む撮影依頼の仕事をマネジメントする「マザーネイチャー」と呼ぶ株式会社を立ち上げた。

ところが起業した途端、小さいころから世話になってきた珠洲市役所の職員から

「海の写真ばかり撮って遊んどるんじゃないか。ちゃんとした仕事に就かんかい」と言われ、珠洲市産業振興課の臨時職員採用書類にサインさせられた。結局、足袋抜は半年間にわたり、産業振興課長のもとで地元伝統の珠洲焼のCMやホームページの管理、カレンダー制作など広範な業務に就き、高校を出たあと長く留守にしていた古里を見つめなおすきっかけと時間を得た。

それだけでなく、その課長はいまの仕事に打ち込むきっかけも作ってくれた。足袋抜によれば、課長が「地域のまちづくりに詳しい金沢大学の水野雅男教授（現在は法政大教授）を紹介してやる。先生の下で勉強させてもらえ」と言い、半年間、教授が指導するゼミで能登のまちづくりプランやビジネスモデル作りを経験するチャンスに恵まれた。

指導を受けていたあるとき、教授は「地域における社会的価値をいかにして生んでいくか」と話し、一つの例として、農業のソーシャルビジネスモデルを生み出し、地域の先駆けとなっていく発想を口にした。

「こだわりの農業を貫け」

足袋抜が関心を抱いたと感じたのか、水野教授は「面白い実験的な農業をやっている人がいるから紹介する」と言い、一人の人物に会わせてくれた。

この人こそ、「農業をやるんだったら徹底したこだわりを持って、初めから尖がった農業をしなさい。珠洲という市場から遠い距離的なハンディを抱えた場所で普通にやっていては無意味だよ」とアドバイスし、のちにあらゆる教えを乞うことになる無化学・無農薬農業の恩師にほかならなかった。

その時点で、足袋抜が農業の現場に身を置く自分の姿を強くイメージしていたかといえば、うそになる。

当時の足袋抜にはむしろ、別の方面に大きな気がかりがあった。

「それは自分の目で確かめた珠洲の海の変化でした」

実際、能登の海に潜っていると、なるほど水は青くきれいだった。しかし足袋抜は撮影や潜水調査で潜るたび、「生物多様性の面では能登の海は間違いなく疲弊している」と感じ取っていた。福井の海も能登の海も、魚種はそう変わらないが、福井に比べて能登は魚の数が少なく、魚群もあまり見られない。地元の漁師の「漁獲量が昔に比べて減っている」という話もうなずける。海岸から二、三〇〇メートル離れた海中においても、透明度は楽しめるものの、生命力がみなぎるという実感は乏しかった。海藻についても然りで、魚が産卵して稚魚が安心して育っていける場所が減っていることは確実だった。

「能登の里山里海が世界農業遺産に認定されそうと騒がれている割には、海は脆弱だ」

そう感じた足袋抜の胸の内に漂っていたのは、無力感であったのだろう。自ら世界農業遺産認定の流れの一端に関わり、「俺は社会と直結した大きな仕事をしている」などという自惚を秘める一方で、「なぜ古里の海に元気がないのか」と考え込む日々が続いた。やがて、「能登の地形による化学物質の海への流出が原因の一つではないのか」と自分なりの答えをはじき出し、「ならばどうする」「誰かが動いてくれるのか」と思案した帰結こそ、農業に転じる道だった。

信頼を集め、確かな技量をもつスキューバダイビングのインストラクターとして活躍した足袋抜がいまも、同じ仕事に就いていたならば、ますます海に潜るスキルは向上していただろう。あるいは独立して、自分のショップを構える一国一城の主になって、稼ぎもうなぎ上りであったかもしれない。

そんな足袋抜が積み重ねたキャリアも、未来の財産もかなぐり捨てて「未練はない」と言い切るのは、古里を離れ、古里を忘れて自分の将来のためだけに暮らした一五年の歳月への悔いが大きいからだろう。自分が背を向けているあいだに、能登は高齢化で働き手が少なくなり、若い人も減ってしまった。徐々に海の自然環境が劣化していくというのに、対策に立ち上がろうとする人たちも見当たらない。

「誰も立ち上がらないなら自分が立て」

足袋抜はこんなに疲弊した古里を置き去りにしようとした自分を戒め、こう考えた。「誰かが立ち上がらない限り、健康な自然環境を守りながら誰もが穏やかに暮らしていける古里の再生はありえない。誰もいないのなら、自分が礎となって、海の環境に優しい新しい農業の形を実践してみよう。食べていける農業でなければ若者が魅力を感じないし持続性も生まれない。付加価値の高い農業を根付かせることを使命だと思い定めて生きていこう」

もとより学者でも環境科学の専門家でもない。そんな自分にできることとは、実践家に徹して地域に一石を投じることしかない。こうして海を背にして大地に踏ん張る足袋抜の新しい人生はスタートした。

足袋抜は、ともすると閉鎖的で、新しいものを受け入れようとしない能登の土地柄が嫌いだった。しかし、自分が生まれ、育ててもらった土地に戻って来たからには、古くからある、縦横にからみあう人のしがらみも受け入れて自然体で生きていこうと腹をくくっている。

腰を据えて今後の仕事を思案した足袋抜は「農業をやるなら、尖った農業をやれ」と助言されていたことを反芻しながら、一つの決断を下した。それが究極の理想の農業を実践してみせる農業生産法人の設立だった。

平成二三（二〇一一）年二月、足袋抜が同じ志を抱く友人とともに設立した農業生産法人は「ベジュール合同会社」である。「ベジ」はベジタブル（野菜）の「ベジ」、「ジュール」とは熱量を測る単位も意味していて、熱い気持ちで野菜を栽培する会社をフランス語風の語感でアピールすることを狙った社名であった。

目指すのは、無化学・無農薬農業で野菜を量産し、付加価値の高い野菜を安定的に市場に送ることであり、少し値段が高くても野菜が売れて採算が立つことを証明してみせることに尽きた。

素人がいきなり参入して暮らしていけるほど農業は甘くない。まして、化学農薬に頼らない農法では収量にばらつきがあり、計画栽培が難しい。化学農薬を使わない結果、収穫した野菜は形も大きさも不揃いになりやすく、規格品の野菜が並ぶ市場からはそっぽを向かれてしまうだろう。足袋抜もそれは承知していたが、甘くはないチャレンジだからこそ、まとまった広さの畑で実現してみせて初めて、食べていける農業を提案できると確信している。

もとより、資金力がなく、人手にも限りがあるベジュールが当面の目標を達成するまで、どれほどの時間を要するのかいまは分からない。

「無農薬栽培が広まっていけばいいのですが、お年寄りの農家が多い能登には変革なども ってのほか、という人たちもいます。こうした農家の心を変えられないうちは、絶対にごり押しはしません。それよりも、まずは自分たちがやってみせ、究極の理想の農業という価値観を周りの人に押し付けず、淡々と粘り強く畑に立ち続けるつもりです」

大義は地域持続の農業ビジネス

経験もなく、資金も持たずに誕生した農業生産法人の前途はおそらく険しいものになる。だが、ベジュールには、世界農業遺産に認定された土地で理想的に行われるべき農業の姿を明確にし、人と自然に優しく、地域の営みを持続させる農業のビジネスモデルを率先して模索するという大義もある。

世界農業遺産は、どちらかといえば観光産業を補完する世界自然遺産、世界文化遺産と混同されがちだ。しかし、実際には世界の農業の「貧困層支援」対策だと足袋抜は解釈している。フィリピンや南米アンデスなど、開発途上国での認定が先行したことは何よりその表れといっていいだろう。しからば先進国で初めて能登半島が認定されたのはなぜなのか。この疑問に対する足袋抜の言葉は明快だった。

「先進国日本と言ってみても、能登は仕事が少なく、一次産業の基幹である農業もパッとしていない現実に直面しています。その中でFAO(国際連合食糧農業機関)は先進国ならではの農業の新しい展開を期待しているのに違いありません。僕は従来と異なる形の農業を生み、新しいビジネスモデルを創出していくことを国連機関から宿題として与えられたのが、先進国日本の世界農業遺産だと考えています」

こうした見方が的を射ているならば、世界農業遺産に認定された地域は、保護、保全ではなく、勇気をもって変革に立ちあがるべきとするメッセージを受けたことになり、その本質こそが足袋抜たちの大義を支えていると言っていいだろう。

ベジュールの一〇年後の目標は、夢を共有する仲間たちを増やしていくことだ。平成二七年秋の時点でベジュールの従業員は七人に過ぎない。だが、この少ない人数としても、若者の定住率が低い現状を考慮すれば、見過ごすことのできない戦力といえる。

足袋抜は近い将来の従業員数が二〇人から三〇人くらいの規模になればいいと見通している。さらに望んでいるのは、いつかベジュールの農業に共鳴して、同じ生産方法で野菜栽培に挑んでくれる既存の農家が一軒でも多く名乗りを上げてくれることであり、こうした協力農家も近い将来、五〇軒ほどに増えてくれればありがたい。同時に、ベジュールに入って、二年から三年ほど無化学・無農薬農業の研修を積んで栽培技術を覚え、その後は独立して自分で生計をたてていく従業員は、どんどん増えて欲しい。

独立していく人材の育成を志す

夢は滑り出しているが、背伸びはしていない。少しばかりの安定をよすがとしてきた地域の農業事情を肌で感じているだけに、足袋抜は慎重きわまりない。

その言葉もまた「大きな会社に育てるのが狙いではなく、究極の農業を地域に広め、浸透させることこそがベジュールの当面のゴールです」と慎重だ。

なぜなら、独立したいという意欲を持つ者でなければ農業に本腰は入らないからであり、社員としてベジュールに迎え入れた従業員も、報酬で安穏に暮らしていければいいと考えるだけの頭数であってはならず、いずれは巣立っていくべき人材であってほしい。足袋抜にとってのベジュールは、ずっと彼らを雇い続ける場所では決してなく、むしろ、本気で農業をやりたい人間を育てる場所であることがよく分かる。

まずはベジュールが成功体験を重ね、ノウハウのすべてを協力農家や独立した若い農家たちと分かち合い、やがて、奥能登一円に無化学・無農薬野菜の集散地が根を張っていく……。将来の奥能登が安全野菜の一大生産地となれば、労働の受け皿も広がり、若者の都会への流出にも歯止めがかかるだろう。足袋抜はいま、こうしたシナリオを旗印に掲げて夢の入口に立ち、古里能登の未来への礎になろうと走り出したところだ。

第二章

無化学・無農薬農業への挑戦

培養した土着菌が強い味方に

日本の野菜栽培は第二次大戦以前から戦後の一時期まで、人糞を施肥する古い農法に頼っていた。これにより、多彩な野菜が生産されはしたが、蟯虫（ぎょうちゅう）や回虫といった寄生虫の卵が野菜を介して体内に入り日本人の体を蝕んだ。その後、日本の農業は、朝鮮戦争を皮切りに工業化が進んで農家の次男、三男が会社勤め、工場勤めをするようになり、人手不足に陥った。これに伴って、農家が人手不足を農薬や化学肥料で補うようになり、農業のスタイルが変わると、数一〇年という年月を経るうちに蟯虫や回虫といった懸念は少なくなり、いまではほぼ蟯虫などの問題はなくなっている。

しかし、TPPの締結によって、衛生管理の行き届かない途上国の野菜が輸入されると、再び蟯虫や回虫がはびこりかねない問題もないとは言えない。

足袋抜の無化学・無農薬農業を「昔の農法に帰る」と受け止める考え方もあるが、「昔の野菜の味がする」とか「懐かしい野菜の風味」といった感覚は錯覚でしかない。それどころか、彼らが実践するのは、化学に冒されず、寄生虫の不安もないまったく新しい農法であり、最高峰の農法であることを最初に指摘しておきたい。

ベジュールの耕作地は現在、珠洲市に十カ所あり、その合計面積は七㌶を数える。

平成二六（二〇一四）年の当初目標では、栽培する野菜はおよそ六〇品種を数え、主力はカボチャ、トマト、ニンジン、ダイコン、カブ、ナスなどだった。

彼らの農法の基本の一つは菌塊を用いる点にある。菌塊はどの土地にも繁殖している土着の細菌の塊を指す。ベジュールは一つひとつの畑が所在する土地の土着菌を採集する。多くは山の中にいて、法面や腐葉土の裏側などに白い菌がびっしり付着している。それぞれの細菌は、その土地の環境にもっとも適している。ベジュールは、採取した菌を米糠に混ぜ、温度が四〇度に上がるまで十分に発酵させ、菌を培養していく。こうして作り上げるのがラクトバチルス（土壌を作り、維持し、健康を保つ有効な微生物群）を含む菌塊であり、この菌塊が有機物を発酵させることにより、土から腐敗臭が消え、根腐れがなくなり、土壌障害や連作障害が減少する。

全国各地で繰り広げられる有機栽培では、市販のラクトバチルスを購入し、ワラ、モミガラ、家畜の糞尿などの有機物を一緒に畑にすき込む使い方が少なくないとされる。これに対してベジュールは、あくまで能登土着の細菌にこだわりをもち、珠洲市内の丘陵地の一角に独自の菌塊培養施設を構えている。

土作りは堆肥をいかに効率よく畑に浸透させるかにかかっている。その場合にもっとも畑になじむのは土着の菌とされており、ベジュールの発酵施設では、米糠に菌を混ぜていくつもの袋に密閉し、大量の菌塊を培養している。

こうした菌塊と一緒に畑にすき込むのはバーク堆肥だ。足袋抜によれば、木のチップのバーク堆肥は発酵して完熟するまでに時間がかかる。未完熟のまま畑に入れると、ガスが発生して悪影響が出る。春先は雑草を抑制するため、土に打ちこまず畝間にまくことがある。雨に当てて肥料分をたっぷり染み出させるのが狙いだが、冬を前にした時期にまくと、上に積もった雪がゆっくり解けるうちに肥料分が土に浸透し、春先にかけて土壌の発酵が進んでいくといわれている。

ベジュールが菌塊の培養施設の近くで自然発酵させているバークには、クヌギなどの広葉樹を裁断して加工したチップを使っている。

現在使われている堆肥は、バーク堆肥と菌体を入れた米糠とモミガラの三種類で、ほかにも、家畜の糞堆肥を使用している。

堆肥を入れる目的は土に養分を蓄えることにある。効能としては、栄養分をバランスよく整え、根を張りやすくするほか、保水と水はけが上向いて、病気や害虫を防ぐメリットなどがある。

珠洲をはじめ、能登特有の珪藻土（けいそうど）（藻類の一種である珪藻の殻の化石が積み重なった堆積岩）は酸性で、山手であればあるほど石のかたまりになって硬いが、雨に当たるともろくなって崩れてしまいやすい。このため、珪藻土質の畑でも、ある程度、土を耕した場所なら耕作放棄地でも、再度、畑として利用できる。珪藻土は粘性が強く肥料もちが良いので砂地より養分は流れ出にくい。珪藻土自体は海藻からできているためミネラル分が多く含まれており、粘性を伴っていれば畑そのものが養分の流れ出にくい堆肥で形作られていて利用価値は高い。

硝酸態窒素を抑えるこだわり

家畜の糞は堆肥に用いており、ここ数年は、納入業者とのつきあいもあって鶏糞を肥料に使うケースが増えている。以前は豚糞を使う場合が多かったが、畑の窒素分を高めるには鶏糞ベースの肥料が有効だ。鶏糞は隣接する輪島市門前の業者からペレット状に加工されたものを購入している。

豚糞はかつて宮城県から仕入れていたが、最近になって使用をとりやめている。豚糞には微量要素が多く美味しい野菜が実りやすいが、鶏糞のおよそ三倍のコストがかかり、野菜の価格を押し上げて売りづらくなることが分かった時点で、採算を考え使用を中止している。

肥料の窒素・リン・カリは効率よく野菜を育てるために不可欠な栄養分だが、施肥する分量の調整が難しい。一般の農家は土壌分析を割愛し、勘で施肥することが多いのに対し、ベジュールは元肥を少なめにして、追肥で調整している。そのわけは、施肥量が少ないほど人体への害がないとされ、野菜のえぐみも少なくなる硝酸態窒素の値を一〇〇ppm以下に抑えるためだという。

水耕栽培に適した野菜ならば、水耕によって硝酸態窒素をゼロにもできるが、一般的な露地栽培の野菜畑では施肥をおろそかにはできず、ベジュールは元肥と追肥に分けて慎重に施肥を行なっている。珠洲周辺で多く栽培されている大豆も肥料になり、窒素分が非常に多い大豆を発酵させて畑にまいている。無化学の堆肥や肥料が身の周りに豊富なこの土地は、彼らの農業に適しているのだろう。

彼らが散布する農薬も、もちろん無化学だ。

虫対策には「ニーム」という「インドセンダン」の木から抽出したオイルを水で薄めて散布する。虫は野菜の苗を植えて間もないころと、実がなり始めたころにもっとも発生しやすく、それぞれのタイミングを見計らって散布する。このオイル成分が入った農薬液が付着した葉を食べると、虫は拒食症になる。

ベジュールの工夫はほかにもある。手作りの農薬としては、ニンニク、鷹の爪、ミント、ローズマリーなどのハーブを発酵させた資材も散布しているが、強烈な臭いに虫が寄り付かない効果が分かっている。虫を退散させるか、寄せ付けないことも、彼らにとっては立派な効能であり、害をもたらす虫とはいえ、殺すばかりではなく、虫を寄せ付けない程度の肥料や薬の資材こそが安全、安心という考え方に納得がいく。

取材を始めた平成二六年の八月一三日、足袋抜が最初に案内したのは、珠洲市の中心市街地にほど近く、海からもそう遠くない広さ五アールの畑だった。粒子が細かい砂地で、ネギを栽培していた。高齢になった地主から借り受けた畑だが、過去に使用していた化学農薬はほとんど流出しているうえ、重金属類も出なかった。

その畑で目についたのは、地中の温度を計測中であることが布に書かれた、小旗のような表示だった。地中の温度を計測する装置が畑の地中に埋められ、気象庁などの定点データとこの畑の温度にどれくらいの誤差があるかを確かめているという。センシングと呼ばれる装置だが、耕作を始めたすべての畑に設置するのは資金的に難しく、平地と山間地の二カ所の畑に設置したという。これは彼らが目指す圃場管理システムの基礎データを集めるのが目的で、金沢大学の専門家から助言を得て始めた試みだ。

続いて足を運んだ畑には「大長（おおなが）なす」という名前の長さ三五センチから四〇センチほどにも育った大きなナスが四つの畝に実っていた。

場所は山間部に入る一歩手前で、畑にする以前は水田だったという。能登の山間地は粘り気が強い赤土の土壌だが、足袋抜たちは珠洲に多くみられる細かい粒子の珪藻土を盛り土していた。珪藻土の粒子はメッシュ構造の中に水分を蓄えるので保水力があるとされる。このため、肥料分や微量要素がよく保たれていいのだという。

しかし水田として使われていたのなら、農薬が地中に残ってはいないのだろうか。こう問われた足袋抜は即座に「それが見事に出ていないんです」と嬉しそうだった。

「なぜ?」と問い返すと、彼は話し始めた。

「製薬メーカーで土を検査したんですよ。厳しいレベルで農薬を検出する機械にかけたんですけど、残留農薬は出ませんでした。まず間違いなく、雨や雪が降って流出するんでしょう。そうやってケミカルな成分が流れた後で珪藻土を混ぜたら、健全で保水性の強い農業に適した土ができたわけです。だけど、珪藻土は酸性で野菜にはあまり良くないのでphのコントロールが必要になるんです。ですから僕らはバーク堆肥などをすき込んで土のバランスを図っています」

日本海と富山湾を見下ろす畑

最後に足袋抜が案内したのは、山間部に入って細いつづら折れの林道を一五分ほど車で走った丘陵の頂上付近だった。そこは、数年前まで珠洲市が運営していたハーブ園の跡地だ。つい数分ほど前まで見えていたのは富山湾側の海であり、ハーブ園跡から望めるのは能登半島外浦の日本海である。能登が二つの海に挟まれていることが実感できる不思議な場所だった。

そこに着く間際、細かく粉砕された木屑の山がいくつも野積みされているのが目にとまる。バーク堆肥だった。奥能登の産廃業者から間伐材を買い取って粉砕し、山積みにして発酵させている。

このバーク堆肥自体に栄養価は何もないらしい。ところが、土にすき込んで菌塊を加えると、菌のアパートになって、三年から五年も土壌の栄養の寝床になるのだという。

「これは栄養価も何もないんですけど、自然界で木が倒れるとします。それをキノコとかが分解していきますね。分解された木が次の世代の植物を育てるわけですが、その分解を僕らが早めてやっているのです。そういった、ナースログと呼ばれる自然界の輪廻の仕組みを人工的に圃場に入れることによって、圃場にもっとも適している菌が隙間にいっぱい入って土壌の力を保全してくれるわけです」

肥料は野菜そのものを成長させるのに必要な栄養分であるのに対して、堆肥は土のバランスをとったり、肥料分を野菜がより吸収しやすくする機能を担っているということか。ベジュールの農法が土作りを土台とし、次いで効率よく野菜を育てるために有機質の肥料を加える基本に忠実なスタイルであることがよく分かる。

足袋抜は重ねて強調する。

「堆肥の栄養価はゼロなんです。土に近い方が堆肥で、栄養に近い方が肥料です。それらを噛み合わせる機能をこのバークが受け持ってくれています。この一連のプロセスをいかに無化学で乗り切るのか。そこが僕らの唯一の勝負どころです。何より肝心なことは、科学的に施肥する能力を磨いて的確に効果を出していけるかどうか、そこにかかっていると言って過言ではないのです」

彼らがこれまで使ってきた肥料は鶏糞ベースの肥料と豚糞ベースの肥料だが、鶏糞も使いすぎると地中にリン酸がたまり過ぎる不具合があり、ベジュールは作付の前に土を分析にかけ、その時点で土がどんな状態にあり、窒素、リン、カリがどのようなバランスで含まれているのか確認を欠かさない。

科学で化学を抑え込む

動物から作る肥料を厩肥と呼ぶが、足袋抜たちは厩肥に無化学の発酵肥料などを加えて、作物に適した肥料を設計する。畑の地中の温度を計測するのも、施肥設計のために必要なデータを得るために不可欠だからに違いない。商品化されている化学農薬にも、施肥の時期や適切な分量の基準などは表記されているものの、ベジュールにとっての施肥設計とは、石川県ではとか、北陸ではといったマクロな基準ではない。

これに対して彼らがこだわるのは、耕す畑一カ所、一カ所の温度や雨量、日照、湿度の違いを可能な限り計測し、本当に適切な施肥量や施肥する時期、タイミングを推し量る厳密な施肥設計だ。化学肥料を使う慣行農法の場合、実際にこうした圃場管理が行なわれるケースは少ないとみられ、収量を増やそうと目論めば、ついつい肥料の分量を多くしてしまいがちなのかもしれない。

これを足し算農法と呼ぶとするなら、極力、肥料の分量を抑制しようと心を砕く彼らの農法は引き算農法と呼んでもいいだろう。

一般に無化学・無農薬と聞けば、化学的な薬を使わずに自然に任せる農法をイメージしてしまいがちだ。しかし、ベジュールの農業を取材して膨らんだイメージは、

「科学で化学を抑え込む」農法にほかならない。それは、考えることをやめてしまっては成り立たない農業の本質に、彼らが肉薄していることを意味している。

農作業をデータバンク化する

こうした堆肥、肥料、農薬として使う液肥を作物一つひとつについて組み合わせを変えて施肥、散布するなどして、ベジュールは試行錯誤を繰り返している。種苗会社に作物の種を注文するときも、種に薬剤を塗布しないよう何度も依頼し、取り寄せる種の種類をあえて多くするのも、一品種でもたくさん栽培して、ベジュールの畑と相性のいい作物と堆肥、肥料の組み合わせを自分たちだけのデータバンクとして蓄積したいからだ。

その多くは失敗に終わってしまうのだが、数少ない成功事例を一つでも多く手に入れていければ、それがベジュールの農業の今後を支えていくことになる。とはいえ、彼らは収穫で生活しなければならない現実も背負って生きている。彼らの作物栽培は実験でありながら実験にあらず、何よりも日々の暮らしの糧を生むものでなくてはならない。真剣勝負に臨む彼らの表情がいつも張り詰めている理由がここにある。

珠洲・外浦の冬は日本海から吹き寄せる強い北西の風によって海水が空中を舞い、海から離れた畑にもミネラル分が補給される。特に微量栄養素のマグネシウムは重要で、野菜の味を濃くするといわれる。大自然が畑に栄養分を与えてくれる、この環境はありがたい。

八月、ネギ畑に温度計が差し込まれていたのは、畑の地中温度と気象庁が発表する気温のデータとの相関関係を捉えるための情報収集の一環だが、効率的に作物を育てるため、栽培のすべてのプロセスをデータベース化してマニュアルを作成しておけば、ベジュールに入ったばかりの新人にも、作業のツボを理解させやすい。

こうしたマニュアル作りはベジュールのあらゆる農業記録を蓄積しておくことで貴重なノウハウとなり、足袋抜は近い将来、珠洲市内を中心に無化学・無農薬農業を広めていく際のテキスト、若者でも、お年寄りでも、ベジュールに賛同する新しい農業参入者にとっての有効な手引き書になると考えている。

大赤字を出した一年目の失敗

ベジュールが設立された平成二四（二〇一二）年、従業員は八人いた。怖いもの知らずで農業の世界に飛び込んだ足袋抜はいきなり二〇ヘクタールの耕作地を借り受け、カボチャの栽培に挑んだ。

ところがその年は、カボチャの市場価格が暴落して大量に作ったカボチャを市場に出すことはできず、直売所に回しても売れなかった。九州と北海道の二大産地の端境期を狙う珠洲のカボチャは一〇キロ入り一箱で通常三千円になるのに、この年は一箱三〇〇円にしかならなかった。手数料、箱代、送料を考えると大きな赤字は目に見えていた。

カボチャの価格が大暴落した原因は、九州が大豊作になり、続いてすぐに北海道も豊作となり、その隙間にあたる端境期がなかったためだった。

こうして一年目のベジュールは一千万円の赤字を出し、かかった人件費がそのまま重くのしかかった。人知のおよばぬ気候に左右される農業の過酷さ、難しさを味わったこともなく、根拠のない強気を押し通して農業生産法人の切り盛りに挑んだ足袋抜にとって、これは手痛い挫折であり、背伸びを戒め慎重さを旨とする教訓ともなった。

途方に暮れた平成二四年の暮れ、足袋抜は「二年目も頑張るが、来年もまた自分と一緒に働こうと思う者は名乗り出てほしい」と、従業員一人ひとりの意志を確かめた。そこで見通しを悲観した一人が辞め、ベジュールの二年目の陣容が固まった。

「来年も同じ過ちを繰り返してはならない」

こう腹を据えた足袋抜は、身の丈に合った経営を肝に銘じた。まず決めたのは、作付面積を減らすことだった。耕作地を減らし、人手を効果的に集約することで、一つひとつの畑の収量を増やしていく。カボチャ価格の暴落で味わったリスクを分散するため、栽培品種も多くして、多品種栽培による収益確保を目指す方針とした。

それ以上に足袋抜が心を砕いたのはベジュールが何を目指すべきなのかという、会社のアイデンティティを厳格に定めることであった。次第に規模を拡大して、末は大きな収益で己も含めて潤う会社でいいのか。それとも、人材を育て、育った人材が能登のそれぞれの地で足腰の強い農家として独立し、ベジュールＰＲＯとして活躍できる受け皿に徹していくべきなのか。

新規就農者を供給する会社

結局、足袋抜は後者の道を選択し、国や県の農業研修制度を経営に組み込んでいくことを決めた。これは、ベジュールが会社として研修制度を受け入れ、農家として独立する意欲を持った従業員に研修を受けてもらい、国や県などから会社に支払われる研修費を給与の一部に振り向けていく仕組みだ。これは、研修生となった従業員は研修を終えると独立して会社には残らないことを意味する。ベジュールは次々に新しい人材を育て、一年ないし二年周期で人を入れ替え、能登の農業に強い意志を持った新規就農者を供給していく個性を明確にしたと言ってよい。

ここで初年度から平成二七（二〇一五）年までの売上高や人件費などの推移を洗い出し、会社がいまなお苦境にあるのかどうかを探っていく。

まずは売上高だが、平成二四年度はカボチャで苦い思いを味わった年であり、売上は三五〇万円に過ぎなかった。それが二五年度は七六〇万円、二六年度は一二〇〇万円と倍々に実績を伸ばし、二七年度は三〇〇〇万円を見込むほどに増えてきている。経常利益は二四年度のマイナス一一五〇万円から二五年度には八〇万円の黒字に転じ、二六年度は二〇〇万円、二七年度は五〇〇万円とわずかずつだが、着実に増えてきている。

足袋抜が自分の蓄えを取り崩した初年度を除けば、この間の二年目、三年目、四年目と、ベジュールには国や石川県から農業研修受講に伴う助成金が支払われており、足袋抜は数カ月おきに入金する助成金で借入の穴埋めをしつつ、毎月、必要な資材や人件費といった運転資金を捻出し続けている。

主な研修制度は二つある。一つは全国農業会議所が設けている「農の雇用事業」で、新規就農を目指す者を雇用し、就農に必要な技術、経営ノウハウなどを習得させる農業生産法人などに対して、営農指導に要する経費や人件費などが助成される。二年間を限度に、一人当たり最大で月額九万七千円が支払われる。もう一つは公益財団法人いしかわ農業総合支援機構の制度で、起業して新規に栽培加工などを行なうため人材を新たに雇用し、農業の基本的な知識、技術などの研修受講を促す意欲的な農業経営体に対して人件費を助成する「起業型農業人材雇用創造事業」だ。期間は一年間で、ベジュールは一人当たりの助成額として月額最大一五万三〇〇〇円を受け取っている。

一年目の失敗を教訓に、足袋抜は会社設立二年目の二五年からこうした制度の導入に踏み切っている。ベジュールはこれまで、「農の雇用事業」「起業型農業人材雇用創造事業」にそれぞれ三人を適用してもらい、ぜい弱な経営基盤を補っている。こうした助成金には多くの場合、雇用保険料、労災保険料なども含まれるため、助成金の全額が新規就農者に支払われることにはならない。新規に雇用した従業員の月額給与を一五万円と決めているベジュールの場合、人件費のすべてを助成金で賄うことは、とてもできない。

運転資金の確保に別会社で活路

「確かに毎年、おおやけの助成制度の対象となっている従業員がいます。年によって人数は異なりますが、会社には助成金が支払われています。僕はそれを従業員に再分配して経営をやり繰りしていますが、助成額は一律ではなく、全員の給与を一五万円とするための補てんもしなければなりません。ですから頭が痛いのは、助成金が支払われるまでのつなぎ資金の確保です。運転資金の負担がきついのは確かです」

つい、こうした弱音も吐く足袋抜がそれでいて飄々と楽しげなのはどうしたことか。聞いてみたところ、足袋抜にはもう一つの心強い財布があった。それは、足袋抜が自分の撮りためた海中写真のデータを管理し、潜水調査の依頼を受けるマネジメント会社として構えている会社マザーネイチャーであるという。

足袋抜の自宅に登記してあるこの会社には、いまも時折、映像の仕事や水中調査の仕事が舞い込んでくる。とりわけ冬場は金沢大学などから調査などの依頼が多くなっている。こうした仕事でマザーネイチャーは年間に八〇〇万円ほどの売上を維持しており、実際にはベジュールで働くスタッフのうちの二人をこの会社の社員として雇用し、ベジュールの運転資金の一部もマザーネイチャーが担い続けている。

農業はズブの素人ながら、ダイバーとしては一流のプロとしての実績がある足袋抜だからこそ可能なやり繰りであり、並々でない才覚もにじみ出ている。しかし、これを「君は農業だけに生きるのではなかったのか」と責める資格など誰にもない。人間とは過去に積み上げたスキルや経験を武器に人生を切り拓くものであり、足袋抜が真剣にひたむきにダイバーとして生きてこなければ、マザーネイチャーもこの世には存在していない。

足袋抜はいま、過去の己の人生の蓄えを力に変えて、農業という新しい舞台に立ち向かおうとしている、そこにこそ、この青年のダイナミックな生きざまが浮かび上がってくる。資金繰りに奔走しながら、自分はベジュールから一度として報酬を受け取っていないことも、その夢や覚悟が口先だけの浮わついたものではないことを物語っている。

必ずしも順風満帆の船出ではなかったものの、一歩一歩前に進もうとする気概が失せる気配はない。それどころか、平成二六（二〇一四）年ごろから、ベジュールの野菜はクチコミでその存在が知られるようになり、都会や金沢市などのイタリアンレストラン、フレンチレストランなどのシェフたちからの注文が増えてきている。

彼らが何より勢いづいたのは、能登半島の基幹都市である七尾市に本社を置く地元スーパーチェーン「どんたく」のバイヤーがベジュールの野菜の旨さを聞きつけ、珠洲市まで足を運んでくれたことだった。いま、そのスーパーの野菜売り場にはニンジン、ダイコン、ネギ、タマネギ、カブ、トマト、コマツ菜など手塩にかけた野菜が置かれており、ようやく販売の突破口を手にした喜びは大きい。

能登に生きるスーパーが生命線

足袋抜によれば、日本の一般的なスーパー小売業の一店舗あたりの年間売上は、およそ八億円から二〇億円であり、一つの店舗に占める青果部門の構成比はおよそ一五％とされる。このうち、いわゆる地元野菜のシェア率は地域や店舗戦略によって異なるが、ほぼ一〇％とされ、地元野菜は全体の売上の一・五％を占めることになる。例えば、年間の売上高が一〇億円を数える店舗の場合、青果部門の売上は約一・五億円となり、地元野菜には一五〇〇万円の売上が発生する。

この方程式をスーパーの店舗がおよそ五〇〇ある石川県にあてはめるまでもなく、足袋抜たちの前にはすでに十分過ぎるほどの規模のマーケットが広がっている。「地元産野菜がたった一・五％の取引量でしかないのなら、もっと販路を広げるチャンスはある」。

こんな見通しのもとに野菜の販売先の開拓に力を注ぐ足袋抜は言う。

「僕たちはベジュールと同じベクトルで、安心で健康な野菜を取り扱いたいと願う小売企業を探し求めました。幸い、大勢の皆さんの応援とスタッフの努力で、能登のこだわりスーパー、どんたくさんとご縁を結べたことは何よりでした」

その、どんたくがベジュールの野菜に寄せる信頼は厚く、取引量が増えていけば、彼らの生命線の一つになることは間違いない。仮に、どんたくがいま取り扱っている石川県産野菜の半分までをベジュールの野菜で賄いたいと望んだとすると、ベジュールはあらかじめかなりの売上を担保され、野菜を栽培していくことになる。こんなにモチベーションが上がる話はないが、悲しいかな、いまのベジュールにこれだけの注文に確実に応える自信はない。

化学農薬を使って形も大きさも揃った野菜を大量に栽培できる慣行農法ならまだしも、化学に頼らない彼らの農法から生まれる野菜は形も大きさも不揃いで、栽培計画を立てても計画どおりに収穫ができなければ、好意を寄せて応援してくれるスーパーを裏切ることになりかねない。

注文があり、こちらが思う価格で引き取ってくれる。近距離だから流通経費もかからない。足袋抜は少し高くても安全で旨い野菜を買い求める消費者層が増えてきていることを実感しているだけに、無化学・無農薬という生産方法に理解があるどんたくの注文に生産力が追い付かない現状に忸怩たる思いを募らせている。

目下の悩みは人手不足に尽きる。しかし、足袋抜たちの農業に共鳴してくれる同世代は奥能登地方には滅多にいない。

北陸新幹線が金沢まで開業した平成二七年、金沢市を中心とする石川県内の求人倍率は全国トップクラスの高さで推移している。増える観光客に対応するサービス業の人手不足が深刻化しており、能登から流れ出ていく若者の数はますます増えていきそうだ。これに対して耕作放棄地は周囲にいくらでもあり、畑はなんとか確保はできるだろう。

足袋抜は言う。「いま、珠洲あたりの土地の借り賃は、定価でいうと年間、畑だと一〇アール五〇〇〇円くらいです。だから、一ヘクタール借りれば五万円ですね。五ヘクタール栽培しているとすれば、賃料は二五万円というのがこの辺の相場になりますが、僕らが借りている土地は、雑草を生やしておくのが嫌だから、自由に使ってくれていい、というお年寄りの畑がほとんどです。ですから土地を確保して作付面積を増やしていくことに関して、あまり悲観はしていません」。

ところが、心を一つに土と向き合ってくれる新規就農者の発掘に限っていえば一筋縄にはいかない見通しだ。足袋抜の苦悩はいま、その一点に絞られてきているとみていいだろう。

「夢なんか見ても食ってはいけない」

その夢は、無化学・無農薬の野菜栽培を小さな点から、奥能登を覆う面にまで広げ、奥能登を全国有数の付加価値の高い野菜産地に押し上げていくものだ。どちらかと言えば、保守的で古くからのしがらみが強い土地だけに、「夢なんか見ても食ってはいけない」と、半ば突き放し、さもお手並み拝見のように冷めた視線を投げてよこす気配が足袋抜の周囲にも少なくない。

若者の就農が増えない背景、年老いた農家が離農して耕作放棄地が増えていく背景には能登特有の地形がもたらす能登の農業の宿命もある。

能登は総じて中山間地の傾斜地で成り立っている。このため一つひとつの水田の区画が非常に小さく、なけなしの平地が水田に利用される以上、野菜を栽培する畑はなおのこと小さく、しかも点在して集約的な農作業は望むべくもない。

加えて、高い山、大きな河川もないため、能登半島全体において、水利の事情が芳しくない。狭い能登にため池が四二〇から四三〇カ所も点在するのも、水利の悪さが背景にあり、一つの集落で七、八カ所のため池を管理している地域もある。

こうした水利事情に劣る傾斜地で機械化農業を進めることは困難であり、とりわけ機械化を拒む傾斜地が目につく奥能登の農業は小規模といわれる。農家一軒あたりの耕作面積は石川県の平均が八〇アールであるのに対して、能登の農家一軒あたりの平均耕作面積は五〇アール前後に過ぎない。

農家といっても、ほとんどが零細であり、自家用の飯米（はんまい）を確保したあと、わずかに残った米を販売するだけの農家が標準タイプである以上、親の後を継いで農業に就く若者が現れないのも半ば致し方ない。

奥能登という言葉は通称であり、ここに含まれる珠洲市、輪島市、能登町、穴水町の二市二町をひとくくりにした呼び名だ。能登半島の高齢化と過疎化は全国と比較しても早いテンポで進んでおり、とりわけ奥能登は農業の衰退、産業全般の不振、生活環境の不備、地域社会のぜい弱化といった、全国の中山間地が直面する共通の問題にあえいでいる。

平成二二（二〇一〇）年の国勢調査の人口統計によれば、奥能登の過去五年間の人口減少率は九・二％におよび、全国でももっとも深刻な人口激減エリアの一つとなっている。特に年代別の人口分布では、一八歳から二〇歳台半ばまでの若年層が極端に少なく、地域の活力の低下を象徴している。

足袋抜があえて無化学・無農薬という農業にこだわるのも、こうした古里が直面する閉塞感、無力感にくさびを打ち込む手だてを身近な農業に求めたからに違いない。それも、付加価値が高くて市場での力も強く、半島の先端という距離的なハンディキャップを乗り越える唯一の切り口が「誰もが欲しがる安全で旨い野菜」だと確信しているからにほかならない。奥能登に住む人たちにとり、もっとも身近な産業は農業しかなく、そのうちのいくばくかの人たちが魅力的で可能性の広がる農業の存在を知れば、いつか何かが動き出さないとも限らない。

誰かが口火を切るしかない仕事、誰かが導火線になるしかない仕事、それこそが足袋抜が己とベジュールに課した存在意義である。どうすれば、自分たちの農法が古里に根付くのか。そう考えた彼らが研究を手掛けているものに、農業の知識があまりない新規就農者にも、経験だけが頼りで科学的な視点を持ちにくい年配の農家にも、簡単に行なえる土壌分析の方法がある。

これは、良好な土壌であるかどうかを評価する要素を「化学性指標」「生物性指標」「物理性指標」の三つと定め、この三つの測定によって土壌を解析する方法だ。彼らはいま、一つひとつの指標の目安を定める実験に取り組んでいる。

誰でもできる土壌分析法を研究

このうち「化学性指標」は、国立研究開発法人・農研機構中央農業総合研究センターが編み出した可給態窒素(かきゅうたい)(水分に溶けることでただちに作物に効く無機態窒素、微生物に分解されてから緩やかに吸収される有機態窒素を含め、地中にある窒素)を簡便に測定する手法を用いて得られる施肥設計の目安となる指標である。

施肥は土壌に不足する養分を適量施用するのが基本であり、土壌診断をして土の養分状態をあらかじめ知っておくことが適正な施肥の条件となる。なかでも、土壌からゆっくりと作物に取り込まれる地力窒素は土壌の生産力を左右する重要な診断項目となる。地力窒素が高すぎると、過大な繁茂、倒伏などで食味や品質の低下を招くほか、硝酸による地下水汚染の危険も増幅してしまうので、施肥を抑制したり、増やして地中の窒素量を調整する作業が必要となる。

ところが、地力窒素の多寡の指標となる可給態窒素の測定には従来、高価な分析機器が必要とされ、分析に長時間を要する難点があった。そこで農研機構中央農業総合研究センターが開発した分析法は、畑から採取した一定量の土に八〇度の湯を加え、一六時間保温して塩をまぜ、ろ過ののち、土壌の粒子を除いた溶液を市販の簡易測定キットで判定し、溶液中の窒素量を測定する方法だ。窒素量の測定により、一つひとつの畑の土壌、作物別の施肥設計が可能になるメリットは農家にとって計り知れない。

足袋抜たちはこの方法のほか、「生物性の指標」を得る方法として土壌中の微生物量を測定する手法も導入している。

彼らが導入したのは、土壌微生物バイオマスを把握するためのATP測定と呼ばれる検査方法だ。宮城県農業・園芸総合研究所が開発した。バイオマスとは微生物などの生物量を質量などで表した数値を意味する。ATPはアデノシン三リン酸を指し、土壌の中のATP含量が土壌微生物バイオマスと正比例する関係にあることに着目した同研究所が、ATP含量を測定することにより、有機物を栄養源として増加する土壌微生物の量的な指標とする手法を実現した。

この手法は、一定量の土壌から抽出したATPの液を発光試薬の入った専用の測定チューブに入れ、発光の強さを数値化するもので、ベジュールはこの手法に一部改編を加えて実用化を試みている。これにより、土壌の中の微生物の状態が把握できるほか、土壌消毒の効果、堆肥による土作りの効果、農地の地力回復などが確かめられるという。

三つ目に測定を目指す指標は「物理性の指標」だ。これは、直径二チセンの園芸用支柱を圃場に垂直に差し込み、支柱が土中に入った貫入の深さをもとに、圃場の有効土層の深さや作物の根の広がり、畑の排水性や保水性、土の団粒化の程度を推測する手法を用いる。

ベジュールは、こうした土を採取して分析する測定の場合、対角線法によって、一つの圃場で五カ所の土を表層一〇チセンの深さから採取し、化学性や生物性の数値を平均することで、それぞれの畑の土壌の良しあしを診断している。

無化学農法を標ぼうできない苛立ち

日常の栽培業務、畑の管理、収穫と出荷に追われながら、骨の折れる圃場実験を怠らないベジュールの若者たちを突き動かしているものは何なのか。一つ思い当たるとすれば、彼らの一徹な無化学・無農薬農業が、いわゆる有機農業の一つとみなされ、栽培から販売に至るまで厳格なルールに縛られ、声高に「無化学農法」を標ぼうできないことに対する苛立ちともいえる。

有機農業は「有機農業の推進に関する法律」において次のように定義されている。「化学的に合成された肥料及び農薬を使用しないこと並びに遺伝子組み換え技術を利用しないことを基本として、農業生産に由来する環境への負担をできる限り低減した農業生産の方法を用いて行われる農業」

さらに農林水産省の「有機農産物の日本農林規格」（有機ＪＡＳ規格）において、有機農業で生産された有機農産物は「農薬と化学肥料を三年以上使用しない田畑で栽培したもの」と定義されている。生産者が「有機農産物」を名乗る場合は、国際基準に準拠した厳格な認証を得ることが義務付けられている。

この定義の範疇から少し外れた農産物としては特別栽培農産物と呼ばれるものもある。この呼称に含まれるのは「無農薬栽培農産物」「無化学肥料栽培農産物」「減農薬栽培農産物」「減化学肥料農産物」だが、「農薬と化学肥料を三年以上使用しない田畑で」と定めた有機農産物の耕作地の履歴条件は適用されない。

農林水産省の「特別栽培農産物に係る表示ガイドライン」（同省消費・安全局企画課）によると、かつての「無農薬」といった表示は、生産者にとっては「生産過程において農薬を使用しない栽培方法により生産された農産物」であることをアピールできる手段であったものの、この表示から消費者が受けるイメージは「土壌に残留した農薬や周辺圃場から飛散した農薬を含め、一切の残留農薬を含まない農産物」であり、「無化学肥料」の表示も含め、消費者の正しい理解が得られないとして現在は使用が禁じられている。

同様に「減農薬」「減化学肥料」の表示もまた、農薬や肥料の使用回数がどれほど削減されたのか、残留量が本当に削減されているのかが不明確であり、削減の比較対象となる基準もあいまいであるとして、使用が認められていない。

日本人の健康志向が強まっているいま、国内には有機的な農業に取り組む農家が増えている。長年の努力を実らせ、厳しいJAS規格の認証を得た農家も数多いだろう。しかし、中には不適格な農法を続けながら「無農薬」「無化学」といった表示を行ない、真っ当に努力して厳格な認証を手にした農家の農産物以上に消費者から高い評価を受けるケースもないとは言えず、有機栽培的な農法から生まれた農産物に対する規制が厳しく、細かくなる背景となっている。

「文字通り、本物の無化学・無農薬で栽培しているのに、これを名乗れないのは理不尽じゃないのか」

足袋抜の憂鬱はここにある。さりとて、ベジュールが耕作する農地の中に、能登でかつて展開された国営パイロット事業によって開拓された農地の跡地、休耕畑が含まれていることから、残留農薬の懸念もないとは言えず、足袋抜は慎重な姿勢を崩してこなかった。

有機ＪＡＳの認証を急がない思惑

これらの土地は野菜畑が中心だが、牧草地もあり、土性は赤土で土壌作りが難しい。土作りに三年、五年、あるいは一〇年もかかりそうな場所もある。このため、彼らは一つひとつの耕作地について、水の管理事情や、耕作放棄地と化して以来、無農薬で化学肥料がまかれなかった期間が何年続いている場所であるのか情報を集め、そこでは堆肥をどう入れ、どのような有機資材を使うべきなのかを模索し続けている。

しかし、すでにベジュールを立ち上げて五年が過ぎたいま、試行錯誤しながら農作業を続けた過渡期を乗り越え、いつでも有機ＪＡＳの認証申請ができる時期にこぎ着けたとする自負もある。

すでにベジュールからは足袋抜と社員一人が申請前に必要な有機ＪＡＳの講習を受けており、いつでも申請できる状態になってはいる。

それでも、足袋抜が「あえて申請を急ごうとは思わない」と言い切るのはなぜか。聞くと、足袋抜はこう打ち明けた。

「僕らはいつでも認証を申請できる段階を迎えています。認証を受ければ、野菜をいまより高く売ることが可能になりますが、取引先のスーパーなどが果たして求めているのかと考えれば、つい躊躇(ちゅうちょ)してしまいます。唯我独尊でいてはいけないと思えば、必ずしも急ぐ必要はありません」

むしろ、有機JASの認証を受けてしまえば、一部の農薬の使用が認められている有機JASの枠組みに入れられ、「無農薬を口にしながら、農薬を使っているんじゃないか」との疑念をもたれないとも限らない。あくまで完全な無化学・無農薬にこだわる足袋抜が認証の申請を急ぐ気配を見せない理由がそこにある。

評価される異能の農業経営センス

奥能登に究極の高付加価値農業を根付かせる構想に情熱を燃やす足袋抜とベジュールは、大学の専門家や農業政策の専門家のあいだで徐々に知られる存在となってきている。

そうした理解者の一人に、金沢大学の地域連携センターに籍を置き、能登の農業の行く末に強い思いをはせる川畠平一客員教授がいる。

川畠教授が評価する足袋抜の斬新さは、農地の管理や栽培履歴の記録、栽培のプロセスのデータ化、販売のシステム構築、社員の管理といった一連の流れを大きなデータとして蓄積し、ベジュールの財産として抱え込むのではなく、地域の農家に公開して新しい野菜産地形成の志を共有し、自らは礎に徹しようと腹を据えているところにある。

その飄々とした人となりは、これからの道のりの険しさ、遠さを覚悟しているがゆえのものでもある。

川畠教授は、この爽やかさに好感を抱いている人なのだろう。足袋抜について語る言葉はよどみない。

「私は、足袋抜君の新しい試みは能登で先鞭をつける動きになると予感しています。彼が優れているのは、長期の目標を磨き、普通の農業青年とは異なり、経営努力の目標をシャープに整理している点、地域を大きく束ねて見る能力を持っている点であり、そこが彼のセンスに違いありません。勉強しなければならないことはたくさんありますが、能力を磨く場と仲間がいれば、慣例や和を乱すと横やりを入れる人たちがいようと、彼は立ち向かっていく力があるので怖いとも思わないでしょう。一〇年もすれば、それなりの頭角を現して、奥能登のリーダー的な役割を担う人物になっている気がしています」

そのうえで川畠教授が指摘するのは、足袋抜をリーダーとするベジュールがこれまでの農業者では発想できない道を歩み始めている事実であり、国や県はもとより、地元の自治体、ＪＡなどに対して、能登のリーダーに育てていく大きな度量を見せて欲しいと願っている。

第二章

夢見る力が若者たちの生きる糧

夢をともに追える仲間たち

プロのダイバーを目指して一流のスキューバダイバーに駆け上がった足袋抜は高校生時代、甲子園出場を夢見て白球を追った球児でもあった。彼を語るうえで夢は生きていくために不可欠なものであり、奥能登に高付加価値農業を芽吹かせようと奮闘する新しい夢こそが、いま直面する苦難を乗り越えていく原動力となっている。

その足袋抜が起こした農業生産法人ベジュールに、大自然と向き合い、己の人生とも向き合って生きる若い群像が集うのも、決して偶然ではない。

熱い口調で能登の将来を語り、農業を糸口に古里の未来を切り拓こうとするエネルギッシュな足袋抜の姿は、やはり、それぞれ自分の夢を追い続けた若者たちの心を燃え上がらせたのに違いない。

いまベジュールに加わっている仲間には、プロボクサーを目指した若者、プロバスケットボール選手を目指してコートに青春をささげた若者がいる。一方では、自分たちが丹精した究極の安全野菜を駆使したレストランの開業を夢見る若者、能登でも数少ない海人（あま）漁師の稼ぎをかなぐり捨てて、足袋抜とともに海を背に農業のパイオニアになろうと汗を流す若者もいる。

とりわけ、少年時代からの夢を黙々と追い続け、人一倍の努力にも報われることなく挫折した者にとり、重苦しい感傷や傷心は容易に拭い去れないものであるはずだが、足袋抜の壮大な夢を知り、その仲間の輪に身を投じて大地に立つのも、夢を叶えようと夢中になって歳月を刻む醍醐味を一度味わってしまったからだろう。

彼らを仲間として迎え入れ、同じ夢に向かって走りだした足袋抜も、一人ひとりがかつて抱いた夢の結末を知り、個々が胸に秘めている将来の夢の形を知っているがゆえ、決して孤独ではない。喜怒哀楽をともにできる仲間を得たことで、夢を叶えた喜びや感動は人数分だけ大きくなるはずで、高いハードルに跳ね返される悔しさ、苦しさが人数分の一の軽さになる心強さは計り知れない。

そんな足袋抜の心の支えとして日々、ベジュールの畑に立つ若者たちもまた、能登に新しい風を吹かせる群像劇の主役たちである。ここからはその一人ひとりの胸の内に分け入っていきたい。

プロボクサーを目指した夢ついえ

冷たい雨に降られた平成二六（二〇一四）年の一一月一八日、ベジュールのビニールハウスで最初に取材したのは、雨に濡れ泥にまみれたつなぎ姿の瀬法司公和(せほうじきみかず)だった。昭和五五(一九八〇)年五月生まれの三五歳(二〇一六年四月現在)。出身は珠洲市岩坂町で、専業の米作農家である両親、祖父母、妻と二人の子と暮らしている。実家は一二ヘクタールの水田で耕作する奥能登でも比較的規模の大きな農家だ。

瀬法司は地元の高校を卒業後、金沢に出て飲食店でアルバイトをしながらボクシングジムに通い、フェザー級のプロになる夢を抱いていた。もともと勉強が嫌いで、できるなら高校へは行かずに、中退して金沢に出てボクシングに明け暮れたかった。ボクシングには少年のころから強い憧れを抱いていた。テレビで世界タイトルマッチなどを観戦して興奮し、観客に感動を与えられる仕事だと思うたび、憧れは抑えがたいものになっていった。

高校を出ると、迷うことなく金沢市内のボクシングジムに入門して、トレーニングに夢中の生活を送った。自分をいじめ抜く過酷なトレーニングはどこかヒロイックに思え、大勢の観客の前でリングに立ち、相手とグローブを交えることを夢見ていた。

だが、才能が幅をきかすボクシングの世界は甘くない。ひたすら走り込むロードワークはまだしも、スパーリングをしていても自分のスタイルを見つけることなどできないまま、やがて自分の素質のなさを思い知ると、ボクサーになる夢はみじめなほどしぼんでしまった。

さりとて、親の反対を押し切ってボクサーを目指した瀬法司には、まだ青臭い意地があり、夢から覚めて逃げ戻るように、おめおめと実家に帰ることができなかった。実家の農業を継ぐ気持ちもなく、ボクサーになるつもりで就職もしていなかった瀬法司は、金沢でアルバイトをして食いつなぐ生活を送ることになる。

勤めたのはチェーン店のラーメン屋、居酒屋、牛丼屋など飲食系が多かったが、バイトの先々の厨房に立つうちに「飲食店の仕事は面白い。いっそ自分の店が持てたなら。次の夢はこれか」と思うようになる。古里の珠洲を出て八年が過ぎていた。

瀬法司公和

だが、長男として育ったせいか、自分の将来を考えると、では家族の将来はどうなるのかという苦い思いも頭をよぎった。少しずつ老いていく父親の腰の具合が芳しくないと聞いていたことに加え、専業の米作農家を自分の代でたたんでしまうことへの負い目も重なって、瀬法司は珠洲の実家に戻る決心をした。二八歳になっていた。

瀬法司が素直に農業を継ごうと考えたのは、いつか飲食店かレストランを経営する新たな夢と農業が直結していたからだった。「自分で丹精した野菜を大勢の人に味わってもらいたい」。そんな気持ちはいまも変わっていない。美味しい食材を自分で調理して、心をこめたサービスでお客に料理を振る舞える環境を作りたい。農業はその基盤作りに通じるはずで、当面は一人前の農家になる目標が瀬法司の背中を強く後押ししていた。

野菜に寄り添う覚悟で生きる

瀬法司に「俺と一緒に農業をしてみないか」と声をかけたのは、ベジュールの設立を目前にしていた足袋抜だった。足袋抜は同じ小学校に通った二歳年上の上級生であり、幼なじみでもあった。

農業を継ぐにしても、自分はどんな農業を目指せばいいのかと考え、自分なりの自然農法を試し始めたばかりの瀬法司にとって、それは何よりの誘いだった。実家の米作農業は農薬を使用する慣行農法だったが、瀬法司はベジュールの一員となって以来、実家の米作りを手伝うかたわら、足袋抜がこだわる無化学・無農薬の栽培方法を率先して研究し、もっとも知識に詳しく、作業の手際も早い戦力となった。

「ベジュールの農法は、いつ病気に陥るかわからない不安を抱え、しかも病気が出てしまうと対処法も分からないまま、出荷に対応しないといけない難題と直面しがちです。だけど、無化学・無農薬栽培を続けているうちに、少し野菜や生き物のことが分かってきたような気がします。あと二、三年も続ければ、技術的にも、気持ち的にも何かを体得できそうです」

　こう語る瀬法司からは、徹底して野菜に寄り添う覚悟と希望が感じられる。農業を専門的に学んだことさえなく、体験ゼロ、実績ゼロの状態から無化学・無農薬栽培に挑戦を始めて丸五年、すべて手探りで数多くの失敗を重ねた瀬法司には、野菜や土壌から自然に教え込まれた貴重な知見が蓄積しているようだ。

「ベジュールには未知の経験を積む機会や人との出会い、多彩な発見があって、珠洲で生きていく場所はベジュールしかありません。ベジュールの仲間と一緒に農業ができなくなったら僕は珠洲を出ようと考えている」とさえ話す瀬法司の言葉は、すでにベジュールがかけがえのない人生の舞台となっていることを物語っている。

　瀬法司は、足袋抜が始めた新しい農業に対して、必ずしも地元の農業関係者が好意的でないことを知っている。

慣行農法に従事しながら、旨い米を作りたいと奮闘してきた父親の背中を見て育っただけに、年老いた農家が慣れ親しんだ農法を拒絶してまで、農薬も化学肥料も使わない新しい農業に目を向けたくない気持ちも理解できる。さりとて、珠洲の農業が農家の高齢化によって衰退していくのを指をくわえて見ていることは断じてしたくない。

「だからこそ、僕らが歯を食いしばっていくしかないのです。一〇年後のベジュールは、周辺の農家がますます高齢になって引退したあとの農地を引き受け、農業の空洞化を食い止める足腰の強い会社になっていると思いたい。その尖兵であるためにも、来年は実家で減反する三〇アールの畑一枚を使い、無農薬で夏は枝豆、秋はレタスを自分の仕事としてやってみるつもりです」

独立して考案した土壌の太陽熱消毒

それからおよそ一年後の平成二七年一〇月、珠洲市内で再会した瀬法司はすでに独立していた。

ベジュールに頼るのではなく、ベジュールに寄り添いながら自立した農家を目指したいという瀬法司の考えは、一年前の取材の際にも感じられたことだった。

彼はこの年の七月一日にベジュールの共同作業から独立し、父親が専業で続けていた米作を引き継ぎ、新たに自分で取得した一・五㌶の畑で無化学・無農薬の野菜を栽培する二足のわらじで再スタートを切っている。とはいえ、一二㌶の水田は広い。腰を痛めて半ば廃業した父親はまだ機械を運転する作業なら可能だが、その他の膨大な作業は若い瀬法司にも大きな負担であり、来年以降は人を雇うことになりそうだ。

かたや、自分の野菜づくりは順調だ。一・五㌶の畑で、独立一年目はニンジン、能登大納言小豆（のとだいなごんあずき）のほか、三種類の豆を栽培し、ハウスではコマツ菜を育てている。

再会した当時、瀬法司の畑はコマツ菜が出荷の最盛期を迎えていた。「嫁さんと二人で毎日出荷作業に追われています」と笑顔がはじけた表情からは、大きな手ごたえが感じ取れた。独立が夏だったから、初の収穫は秋物ということになる。

「その収益が上々だったんです。野菜の出来もよくて、独立初年度の成果は予想以上でした。秋冬物の売上目標は二〇〇万円ですが、新しい畑で、ベジュールで経験したことも踏まえて少しずつチャレンジしています」

その言葉どおり、瀬法司は初めて耕作する自分の畑で一つの栽培実験を行っていた。それはニンジン畑の太陽熱消毒だという。耕作を始める前に畑に透明なマルチ（畝や野菜の株元の土を覆うポリエチレンなどのフィルム）を張ってみたところ、土の温度が上がり雑草の種が死んで、植えつけた後の草取りの作業が省けたという。同時に雑菌も死ぬので、病気のリスクが減ったほか、畑にすき込んだ肥料も堆肥も温度が高まることで適度に熟成して、植えつけるころには地力豊かな畑になっていた。このマルチ栽培を来年からは他の作物にも応用するつもりだ。

独立した瀬法司は同じ農法で自分が育てた野菜をベジュールの野菜と一緒に集荷して、ベジュールの名前で出荷している。いわば、足袋抜が口にする「ベジュールPRO」であり、ベジュールの農業を点から線、線から面に広げていくうえで不可欠な地域への切り込み要員と言っていい。出荷した野菜の売上伝票などはベジュールがとりまとめ、出荷量に応じてベジュールと瀬法司が売上金を分配している。

独立資金はベジュールの報酬を少しずつためた資金に、就農して五年間受けられる農林水産省の青年給付金制度（個人は年間一五〇万円、夫婦は二二五万円）の給付金を加えて賄った。瀬法司は三年前から、この給付を夫婦で受給している。この給付があと二年は見込めるため、それまでの間、野菜専業農家としての基礎を固め、今後の営農資金を蓄えていく計画だ。

当面は年間で八〇〇万円の売上を見据えているが、試行錯誤はいま始まったばかりだ。今後は自分の畑で試した栽培技術をベジュールの後輩たちにも伝え、あとに続く仲間の背中を押していく役回りも担っていく覚悟は並々でない。

「僕にはもう一つの将来の夢もあります。農家として独立して無化学・無農薬の野菜栽培が軌道に乗れば、次はレストランの開業が待っています。農家レストランではなくオシャレで味が評判のレストランを開いて、食材には自分で栽培した野菜をふんだんに使ってみたい。僕は野菜栽培に専念して、珠洲で開店するなら嫁さんが料理をする。五年で目標のお金を貯めるために年収八〇〇万円を設定しましたが、この夢もまた農業の魅力を花開かせる一つの道だと信じています」

その道のりはきっと平坦ではないだろう。果たしてベジュールを核に据えた新しい農業のスタイルは根付いていくのだろうか。ベジュールPROの草分けとして、瀬法司がたくましく、手堅く野菜専業農家の成功者になってくれることを足袋抜は誰よりも願っている。

潜水漁の稼ぎを投げ打ち農業へ

この瀬法司とともにベジュールの設立時に名前を連ねた青年の一人に後谷真弘(うしろやまさひろ)がいる。

昭和五五（一九八〇）年一月生まれ。生まれ育った珠洲市高屋はかつて原子力発電所の建設が計画され、揺れ動いた地区だ。平安時代末期の源平合戦で平氏が滅亡したあと、「平家にあらずんば人にあらず」と豪語した平時忠（たいらのときただ）が流罪された土地でもある。

父親は農業のかたわら、趣味で夏場の六月から九月にかけて、素潜り漁を楽しむ人だった。この影響を受け、後谷も小学生のころから海に潜るようになり、大人になると、漁業権を持つプロの海人漁師として生計を支えた。高屋周辺は岩場と砂地が混在する海が広がり、後谷はサザエやアワビを採って地元の漁協に卸していた。身一つで海に潜る漁なので経費はかからず、水揚げの多い年は夏場のシーズン四カ月だけで三〇〇万円もの収入を手にしていた。

しかし、妻と二人の子どもがありながら、季節に偏りがあって水揚げも決して安定しない漁業に頼るだけの暮らしではこころもとない。後谷は迷った末、珠洲市内の老人ホームで介護の仕事に就くことを選択した。

転身を決意させた能登半島地震

明るい気性で世話好きな後谷にとり、介護はやがて天職と思えるほど打ち込める仕事になっていく。だが、そんな充実した生活は、平成一九（二〇〇七）年三月に起きた能登半島地震をきっかけに一変した。輪島の沖合約四〇キロの日本海を震源とした地震はマグニチュード六・九の大きさだった。

三月二五日の朝、当直明けの後谷は入所している老人を風呂に入れている最中、地震に遭った。瞬時に頭をよぎったのは、妻子や親は無事なのかという不安と恐怖だった。子煩悩であったがゆえ、その翌日には早々と「やはり家族のそばでいつも一緒に暮らしたい。夜勤のある仕事はもうしたくない」と辞表を出してしまった。

後谷真弘

もとより、介護の仕事は収入も少ない。後谷は日ごろから「このままでは子どもを大学にも出せない。新しい仕事で出直したい」と考えていた。そんな矢先の地震が引き金となり、施設を退職した後谷は「資源が減る一方の漁業に戻るより、農業であれば、農家が減り続ける珠洲のためにもなりそう」と考え、行動を起こした。

昔から農地が狭く、半農半漁に近い暮らしを続けてきた後谷にとって、農業は身近な仕事でもあった。子どものころ、毎朝、父親の耕耘機を操り、畑一枚を耕し終えてから登校するのが日課でもあった記憶が懐かしく、後谷はすぐに農事組合法人を立ち上げると、具体的にどんな農業で生計を立てていこうかと思案した。

少年時代から顔なじみの足袋抜と再会したのは、そんなころのことだった。当時の後谷は、無農薬による野菜栽培で付加価値の高い農業に挑戦しようと思いつつ、化学肥料と農薬を使う手堅い慣行農法にも未練があった。そんな後谷に「農業をやるのなら、中途半端ではいけない」と語りかけた足袋抜の言葉がきっかけとなり、ベジュールの設立メンバーに名を連ね、役員となった。

足袋抜が経営者に徹して新しい取引先の開拓に専念しているのに対して、後谷は「自分は経営には向かない。ベジュールの畑をひたすら見守り、収穫量を増やすことだけに専念していたい」と言い切る。

足袋抜からベジュールを起こす計画が持ち上がる直前、後谷は午前中を潜水漁に充て、午後は自宅の農地で農業を行ないながら、陸と海の仕事の両立を試したことがある。だが、体を酷使し過ぎて二週間後に倒れてしまうと、こう思った。

「自分は漁師を続けるのか、それとも農家になりたいのか。二つとも幼いころから親しんだ面白い仕事には違いないけど、海は農業と異なり、ただ獲物を採ってくるだけの場所。それなら、自分の才覚一つで豊作にも不作にもなる農業に軸足を置くほうが生きがいになる」

それ以来、後谷はふっきれたように農業と向き合い続け、畑の中にいつまでいても飽きない自分の性分を身を以て知った。

ベジュールはもはや人生の舞台

「ベジュールを立ち上げたころは、無農薬でいろんな野菜を作れば、楽に生活していけると、つい甘い考えに陥りがちでした。でもいまは、野菜作りの技術の基礎を固め、社員と家族の生活が成り立つ農業生産法人に成長することが大事なことと肝に銘じています。ベジュールに集うすべての人の人生を左右する仕事の先頭に僕は立っています。そうした重圧を社長の足袋抜だけに負わせることは許されず、僕も自分の責任を畑という命がけの現場で果たしていきます」

流通のルートを新たに開く仕事は足袋抜が担い、後谷は栽培だけに専念する。この棲み分けは、足袋抜がベジュールから報酬を受け取ったことがないことを知るだけに、申し訳ないとさえ思う。だが、その後谷もまたベジュールから月々受け取る報酬は一〇万円あまりに過ぎず、生活が苦しくないといえばうそになる。

後谷には色弱というウィークポイントがある。野菜は色で不足する栄養を訴えるというが、後谷は畑にいても、葉や実の色が正しく見えない。そんな時はスマートフォンで写真を撮り、妻に転送して色づきを確かめてもらっている。豊かでなくとも、美容師として暮らしを支える妻の助けも借りながら、ぞっこんの農業に夢中でいられることは幸せだろう。

四人の子を抱え農業に走る

「ベジュールは俺の人生の一部になった」と言い切る中村健太郎(なかむらけんたろう)は珠洲市内の写真館に勤めてパソコン操作の基本、応用技術を磨き、「いずれは独立してパソコンとアプリを販売して儲けてやろう」と一攫千金を夢見ていた若者だ。

中村は昭和五七(一九八二)年一一月生まれの三三歳(二〇一六年四月現在)。出身地は珠洲市の中心市街地の近くで、亡くなった父は生前、伯父と兄弟で電気店を営んでいた。

中村は石川県立珠洲実業高校の建築科を卒業後、家業の電気店で家電の販売や据え付け工事を習い始めたものの、働き出して間もなく父たちの会社が倒産してしまう不運に見舞われ、二年ほど古里の珠洲を離れた時期がある。

帰郷後に珠洲市内の写真館に就職し、ここで一年ほどパソコン技術を覚えたあと、壊れたパソコンをネットで仕入れ、修理して再販する仕事を八年近く自営で続けた。幼いころから、電気店の仕事に興味があり、高専の電気科で学びたいと願ったこともあったが、父の倒産という憂き目が進学の淡い夢を奪い去ってしまった。

結局、自営でパソコンの修理販売を行ない、細々と生計を立てる生活が二〇歳台の中村の日常となったものの、新たに手広くパソコンとアプリの販売を始めようにも、肝心の事業資金が手元にはなかった。

中村健太郎

二〇歳で結婚した中村には、四人の子がいる。平成二七年の秋、長女は一二歳、長男は一〇歳となり、その下に四歳の次男、二歳の三男がいる。

注文がなければ一文にもならず、稼がなくては暮らしていけない中村が、それまでの仕事に見切りをつけてベジュールの一員となったのは、顔見知りだった瀬法司が農作業を手伝ってくれる人を探していると聞いたことがきっかけだった。

中村が瀬法司をたずねたところ、その仕事は面白そうだった。

「当時の瀬法司さんは自然農法に近い農業を自分で始めたばかりで、土作りを大事にして、植えたら植えたままで野菜作りをしていました。化学肥料や農薬は一切使わず、収穫した野菜も農協には出荷せずに通販で売る。そんな普通の農家とは正反対の仕事にこだわっていると聞いて、これなら面白そうだと直感したんです」

「出来るかどうか分からないが、一緒に農業で汗を流してみないか」。こう瀬法司から誘われた中村には、最初は瀬法司の下で従業員として就農し、その後、足袋抜からベジュールの設立に誘われた瀬法司と一緒にベジュールに加わったいきさつがある。

中村は瀬法司が雇用主となって国や県から受ける新規就農者の支援制度で月々の収入を得ながら、ベジュールで働くという変則的な立場だが、一つ問題が起きれば皆で考えて答えを出し、知恵を寄せ集めて悩み抜く仕事に魅せられて畑仕事にのめりこんだ。仲間たちがいて、孤独ではないことも気持ちを奮い立たせてくれている。

中村の元気の源はどこにあるのだろうか。それは、全く違う世界で仕事に就いていた仲間たちが、なじみの薄い農業のとりことなり、発展途上人のみんなが横一線に働きながら農業の奥深さに体当たりしている奇妙な一体感なのかもしれない。

以前の中村は少し体調が悪いと、仕事に身が入らないことも多かった。

「確かにそうでしたね。でも、ベジュールに入ってからの三年ほどは一度もずる休みをしていません。会社が掲げる一つの理想の下に仲間が集まっていることが素敵ですし、発展途上の会社を自分も背負っていると言えることが嬉しいですね。これまでの人生の中でいまが一番充実している。そう言い切れるのは幸せです」

マニュアルが通じないから頑張れる

中村はこう言葉を弾ませるが、害虫の被害や野菜の成長不良など、原因がよく分からない不具合が相次げば、心も折れそうになるはずだ。だが、楽天家の中村はへこたれるどころか「化学肥料も農薬も使われていない畑は虫の天国ですよ。虫もそれが分かるから俺たちの野菜めがけてやってくる。危険や不安のない安全な野菜を栽培している実感を虫たちのおかげで持てている」と笑いとばしてしまう。

中村が受け取っている報酬は月に一五万円ほどである。わずかな実入りで四人の子を育てる苦労は並大抵でない。それでも、中村が動じないのは、一旗あげたいと考えていた通俗的な価値観から、「仕事は金がすべてじゃない。共倒れしてしまおうと、究極の仕事を究め、能登半島の突端のちっぽけな会社を全国区の存在に押し上げたい」とする考え方に行き着いたからだろう。

働いても働いても収入が増えない暮らしは確かに辛い。だが、悲喜こもごもの曲折を経ながら、心の底から手塩にかけて育てた野菜の旨さが「自分は正しい仕事をしている」と思わせてくれるのが爽快でならない。

そんな中村の趣味は料理だ。自分たちの苦労を栄養にして育った野菜を我が子と妻に食べさせる喜びは大きい。ベジュールで働き始めてから、健康野菜の味に目覚めた中村の料理は変わった。

「俺は大体何でも料理を作れます。使いたい野菜があれば、売り物にならないベジュールの野菜を少しだけ分けてもらえばいい。俺の家に化学調味料は何一つ置いていないので、出汁はすべて自分でとって、マヨネーズもソースも俺の手製なんです」

取材した日は白いカブを収穫したのだろう。中村は「今日の献立はカブを使ったホワイトシチューにします」とはにかんだ。

オールマイティのマルチな女性

ベジュールには一人だけ、畑仕事から経理、営業、組織マネジメントまでをマルチにこなすオールマイティの女性社員がいる。ゼネラルマネージャーの大澤知加(おおさわちか)だ。

大澤はベジュールの野菜の販路拡大を進める大きな存在だ。どちらかといえば、ベジュールと取引先のスーパーなどの中間に軸足を置いて、注文に応じた出荷計画を立て、計画通りの収穫が可能かどうか目を光らせる役割を担っている。

大澤知加

取材で初めて会った平成二六年の暮れ、大澤は珠洲市ではなく、金沢市に隣接する野々市(ののいち)市にある石川県立大学に隣接するインキュベータ施設に事務所を構え、ベジュールの野菜の販路を開拓する仕事で多忙だった。

この施設は独立行政法人・中小企業基盤整備機構が石川県などの要請を受けて開設した「いしかわ大学連携インキュベータ」で、医療、環境、食品分野などの新規ビジネスを支援している。大澤はこの二階の一室をベジュールの販路開拓拠点、関連ビジネスの可能性を探る拠点に充て、一人常駐していた。

ベジュールはいま、能登の七尾市に本社を置くスーパーどんたくと取引をしているが、この願ってもない取引は、日本海側でも最大手の食品卸会社の営業マンが大澤のオフィスをたずねてきたことが端緒となって始まった。

作った野菜をこの食品卸会社に流す段取りを整えるため、出荷計画を立案し、それを現場に説明して確実に実行に移すこと、それが大澤の仕事だ。卸会社を通した野菜はいま、どんたくに納品されているが、大澤は当初、卸会社の七尾支店長が示した破格の好意に驚き感激したという。

「ベジュールが育つまで、当社は出来るだけサポートして若い皆さんを応援する」

能登はとりわけ農業者の高齢化が著しい地域だ。若い農業者などほとんどいない。それだけに「よくぞ、こんな小さな農業生産法人を探し出してくれた」とする喜びは大きかったが、その後の大澤は次第に膨らむ注文に対して、野菜の生産が追い付かない現実に直面していくことになる。

ともすると頭をもたげる大澤の苛立ちは、現場が「難しい栽培方法なのだから、何事も計画通りに運ばない」ことを言い訳にしてしまう点にあった。

支配的と見られても仕方ない

計画通りの収穫量が確保できない無化学・無農薬の野菜栽培の難しさを痛感する大澤の息苦しさは、ときには仲間たちのふがいなさにも心がささくれだつからなのだろう。さりとて、実力不足という負い目を抱えながら、バイヤーとの交渉では「うちの野菜は強いこだわりで作っているので安くはないですよ」と言わないわけにはいかない。

大澤がこうした苦悶を胸に秘めて、ときに手厳しい言葉を発する理由を仲間たちもまた、真っすぐな気持ちで受け止めている。

計画的で理論的で支配的……。そんな一面だけで見られても、もはや仕方がない。大澤はベジュールの平成二六年度の栽培計画をスタッフたちと分担して立てたが、「この計画ならやれる」と断言した現場に対しては、目標や計画の到達率のデータをとり、できなかったのはなぜかという理由を記録し始めている。

こうしておくことで次年度への参考になるし、失敗から学ばないことの繰り返しでは、会社としての成長も見込めないからだ。

竹を割ったような性格の大澤は当然のように、現場の人間ともよく激しく討論したという。いちばんぶつかったのは後谷で、大澤は「性格がおおらか過ぎる」と言う。瀬法司は後谷とは逆で、「慎重で几帳面だが、自分で悩みや問題を抱えてしまう」と手厳しく、それぞれの性格を熟知していることが分かる。

大澤の苛立ちは、スーパーのバイヤーに何を、いつ、どれだけの量出荷できるかを伝えなければならない時に、「まだ確かなことは言えない」と及び腰になる現場の空気を感じると高じてしまう。

「種をまいて苗の生育状況を見ていれば、おおよその収穫量は予測できるでしょ」。こんな調子に業を煮やした大澤は、出来栄えや育成度合いを確認するために畑に出向くことが増えてきている。

誰でも使える栽培テキスト作りに知恵

大澤は農作業履歴を集めて次のシーズン以降の栽培テキストに活用できるシステム作りも急いでいる。例えば、その日、その日の農作業の様子を丹念に撮影して自分に転送してもらい、これらをデータベース化しておくことで、次の年の栽培に必要な情報を検索できる仕組みを目指している。

これまで紙に記録しながら、散逸してしまった作業データは数多い。作業の詳細を電子的に記録して、生産管理システムとして構築していく仕事は何年もかかりそうだが、大澤はこれを近い将来、ベジュールの社内だけでなく、奥能登で無化学・無農薬農業に挑もうとする同志を増やすためにも用いたいという。

もし共鳴する農家が少しずつ増えていくなら、人手不足で注文をみすみす断っているいまのベジュールのリスク回避にもなり、丹精しながら野菜の売り先を見つけられずにいる農業者にとっても、ベジュールの農業に同調して得られるものは大きい。

野菜は単価が安いので量を売らなければ売上は伸びない。天候不順などで、ほんの数一〇円、価格が乱高下しただけで売れゆきが左右されてしまう。ただでさえ収穫量が限られ、いつも高めの値段で出荷されるベジュールの野菜を、一般の消費者は果たして買いたいと思ってくれるのだろうか。

「私たちの野菜は正しく価値を伝えないと、なぜ値段が高いのか、その理由が分からないのです。もし、価値が分かっていれば高くても買う人はいるはずです。生産者と消費者との間にはバイヤーがいて、競合店舗との駆け引きや売り残しへの不安から少しでも安く売ろうとします。ですから、売り場の担当者が私たちの野菜の価値を理解してくれない限り、安売りの野菜と一緒に並べられ、売れ残ってしまいます。私は見かねて、スーパーの店頭に立ってベジュールの野菜を説明販売したことが何度かありますが、それ以来、顧客を増やすには、どこかを通さず、自分たちで直接販売するのがいいと考えています。ベジュール野菜の専門店が将来は必要だと思います」

足袋抜を手ほどきした先輩ダイバー

金沢出身で農業とは無縁だった大澤が、ベジュールの営業企画の前面に立つに至ったのは、足袋抜がスキューバダイビングを学んだダイビングショップの先輩インストラクターとして手ほどきしたことがきっかけだった。

もともと水泳は苦手だったが、会社勤めしていた時代にバハマの海でイルカが泳いでいるテレビ番組を見て海に憧れ、ダイビングのインストラクターになろうと誓い、国際ライセンスの資格が取得できる金沢の「アミューズマリンクラブ」に通い始めた。客として通い、国際ライセンスを取得すると、スタッフと客との関係が親密で付き合いも長くなる楽しさを味わい、そのままショップの社員となり、二三歳から一三年間、海に潜り続けた。インストラクターになりたいと店をおとずれた足袋抜を指導し始めたのが大澤であり、その後、資格を得た足袋抜と一〇年間、同じショップの同僚として働いた。

インストラクターの仕事の一つに海を守る環境教育があった。大澤は美しく豊かなサンゴの海を愛した。一三年ものあいだ、四季を通して二千回は潜ったという福井県の越前海岸では、水質が悪化して透明度が落ちだしたことが気がかりだった。海中のゴミ拾いをしても、しばらくして行くとまたゴミが増えていた。見かねた大澤は環境系の講習会を何度も企画し、その開催を通じて、水質汚染の原因が、ゴミはもとより、家庭廃水と工場廃水、それに農業廃水にあることを知る。

ダイビングのインストラクターとして、海中のゴミ拾いが精いっぱいの現状に憂いが募り出したころ、同じ危惧を抱いていた後輩の足袋抜が「能登の海を無化学・無農薬の農業で守りたい」と考えていることを知り、行動をともにした。

真骨頂は原価意識の高さ

大澤の真骨頂は収益や原価意識の高さにある。ベースにあるのは、ダイビングの仕事をしていたころの豊富な実務経験だ。当時の大澤は、店の売上目標と販売戦略、年間の販売計画を練る仕事もこなしていた。

例えばダイビングツアーを一本企画したとする。大澤はどの方面の海へツアーを送り込むのかを想定して、一人ひとりに要する旅費と滞在費、船のチャーター料金などをはじき出し、同行スタッフは何人必要で、最少催行人数は何人と設定するのかを決めたうえで、ツアーの売上高、利益率などを計算できる表をエクセルで作り、ツアーが赤字にならない工夫を重ねていた。

ショップがもっとも重要視するのは「顧客に感動を味わってもらうこと」だが、スタッフ一人ひとりがツアーの収支に気を配り、収益が得られなくなる割引の限界点など、数字に対して敏感であることも不可欠だ。大澤がともするとおおらかな足袋抜の足らざるを補うために厳しく振る舞うのも、収益管理の意識が希薄なビジネスは成り立たないことを熟知しているからにほかならない。

ベジュールが野菜栽培を始めた当初、大澤は農作業を経験しなければ原価を割りだせないと考え、畑で働いたこともある。除草剤をまかない畑での雑草取りの辛さは身を以て知っているつもりだが、そんな過重な労働をあえて強いられる無化学・無農薬農業のコストについて、社員たちが無頓着でいることが不可解でならなかった。

大澤は苦笑して言う。

「例えば、この畑にタマネギをこれだけ植えると、どれだけ出荷できて、会社にはいくら売上が入るのか。栽培に使った肥料の資材の経費がいくらで、会社に残る利益はいくらなのか。その利益はどんな用途に使われていくのか、を考える。ですけど、そんな意識で仕事する従業員はそうそういないのです。だから、誰かが厳しく指摘すべきだし、煙たがられる役回りは誰かが引き受けなければなりません」

若者が離れていく珠洲の閉塞感は根強い。大澤もベジュールを立ち上げたころの一時期、珠洲に住んだことがあったが、なんとなくなじめない息苦しさがあり、週に一度、深呼吸をするため金沢へ帰っていた。そんな珠洲に若者を呼び戻すことは至難の業だ。

「だからこそ、バリバリ仕事する性根が座っていて、農業に未来を感じる人をベジュールは迎え入れたいのですが、簡単には見つかりません」

もとより、生活のための一時しのぎで入社を望む人手などは不要だ。同じ理想を共有して労苦を分かち合える人手はどこかにいないものか。そう苦慮している足袋抜はいま、ベジュールに入りたいと申し出る新人が現れた際に、三年計画でどんな農業技術を身につけたいのかを小論文に書かせている。

そうすれば、意志の強さを見極められる。その人材が三年後に独立してベジュール

PROになってくれるなら何より嬉しい。

大澤は平成二七年の六月、インキュベータ施設の事務所をたたんで自ら再び珠洲に移り住み、農作業にも、事務作業にも励んでいる。

従来は金沢に隣接する事務所から野菜の販売先を見つける営業に出かける仕事が多かったが、最近はクチコミでベジュールの存在を聞きつけたフレンチやイタリアンのシェフ、流通関係者、種苗業界の営業マンなどが直接、珠洲まで足を運んで自慢の野菜や畑を確かめることが増え、こうした人たちへの対応、アテンド業務を受け持つ大澤が珠洲にいて案内する必要が生じたのだという。

独立を条件に一年だけの社員に

ベジュールには、一年後、二年後の独立を前提に無化学・無農薬農業の技術を覚えるため入って来る社員もいる。足袋抜がもっとも将来を期待するタイプの新人だ。

その一人、上田真也（うえだしんや）は平成二六年の四月に入社して、丸一年後の二七年三月から実家のある輪島市の中山間地で孤軍奮闘の耕作を始めている。

最初の取材で会った二六年の一二月、上田から受けたのは口数が少なく、あまり笑顔も見せない内向的な印象だった。

上田は三五歳で農業を志した。野菜作りをしっかり身につけたら翌年の春にはベジュールから離れて独立する約束を足袋抜と交わしていた。すでに輪島市内のアパートから通える範囲内で農地を探し、同市内の中山間地に二〇㌃の畑を借り、三棟のビニールハウスを建てる計画も立てていた。資金は新規就農支援基金から三〇〇万円を無利子で借りており、独立まであと四カ月に迫った上田の言葉には、新しい門出を待ち望む希望が感じられた。

上田真也

「新しい畑では水ナス、キュウリ、中玉トマトを栽培するつもりです。中玉トマトはベジュールが買い取ってくれることになっています。来年の春に向けて、楽しみ半分、怖さ半分といったところですが、土作りも野菜作りもベジュール流を真似るだけでなく、自分独自の方法をぜひ試したいと考えています。もちろん無化学・無農薬で、土には微生物を入れ、勘に頼る作業をなくして科学的な管理を徹底すれば、五年以内に年収一千万円も夢ではないと思います」

一千万円という高額な年収を目標に掲げたのは、達成してみせれば話がクチコミなどで伝わり、奥能登で農業を始めたいと思う若者も現れるだろうと考えるからだ。自分の農業の成功が、同じ道を目指す若者を奥能登へ呼び寄せる。そのうえで、独立した有機農家が一つの組織となって協力し合えれば、奥能登が有機野菜の産地になっていくかもしれない。もちろんベジュールとも連携するし、ベジュールが集出荷の拠点になっていけばいい。それが上田が抱く夢の筋書だ。

農業は自然を相手に生きていける

いまのところ、地元の輪島に同世代の農業仲間はいない。幸いなことに、ベジュールに入る前、生活のためにと勤めた石川県加賀地方の米作農家の職場で、ただ一人心を通わせた年上の男性が輪島市からほど近い穴水町で有機農業を始め、心の支えとなっている。

初対面の日、上田はベジュールに加わって九カ月がたち、農作業には慣れていた様子だったが、半ば心を閉ざしたクールな雰囲気が気になった。「なぜと聞かれても、これは自分の性格なのだから無理に変える必要はないと思います。だけど、農業は自然を相手に生きていけるからいいです」。こう話す上田には、人間不信に陥り、わずらわしい人間関係から離れて暮らしたい理由があるようだった。

上田は昭和五四（一九七九）年五月、輪島市の水道工事業を営む家に生まれた。妻と幼い娘がいる。

人と接するのが苦手、その一因は中学生のころに遭ったいじめにある。それがトラウマになり、ひとたび人間嫌いに陥ると、人に対して心を開くことがなくなり、独りでいる方が心は安らいだ。

高校卒業後は金沢工業大学の経営工学科に進んだものの、夢を語り合える親友も、進路を語り合う友人もないまま、二年から三年に進級するころ、唐突に「自分は何をしたいのだろうか、このまま大学にいて何か意味があるのだろうか」と思い始めて中退してしまう。その後、一、二年のあいだ、金沢の夜の繁華街で飲食店、バー、ラウンジなどのアルバイト生活を送ったのち輪島の実家に舞い戻った。いったんは家業を手伝ったものの、やがて兄が帰って家の商売を継ぐことになり、上田は再び家を出た。

そのころの上田は成り行き任せに生きていた。近くの税理士が立派な家を建てたのを見ると、ふと「儲かりそうだ」と思い立ち、大阪の簿記専門学校に二年間通って税理士を目指したが、必須五科目のうち一科目に合格したところで、ただひたすら記憶するだけの試験勉強に打ち込めなくなって受験勉強を放棄した。

会計事務所を辞めて一念発起

二五歳で金沢に戻った上田は暮らしていく手だてとして会計事務所に就職する。代表の税理士と助手の自分と女性事務員という小さな事務所だった。そこで七年間、世話になったが、金沢で輪島高校時代に同級生だった女性と再会し、二八歳で結婚。ところが、三一歳になった年、勤めていた事務所が別の会計事務所に吸収合併され、九人の大所帯となった。それまでの穏やかな雰囲気はなく、互いの事務所の仕事の進め方をめぐって、ぎくしゃくとした人間関係が生まれた。うんざりした上田は精神的に疲れ果て、軽いうつ状態になる。娘が生まれたばかりで、妻との仲も険悪になった。これ以上頑張る気になれず会計事務所を辞めたのは三二歳のときだった。

上田が初めて農業に触れたのは、仕事を探していた際に知人の紹介で雇ってもらった石川県能美市にある従業員一〇人ほどの米作専業農家だった。自然の中で体を動かせる職場は新鮮で、初めて経験した米作りは楽しかった。同年代の若者もいたし、都会から農業を学ぶために移り住んだ人とも知り合うことができた。

しかし、そこでもまた、経営者と反りが合わなかった上田は辞めるしかなくなり、妻子を伴って再び輪島へ。今度こそ腰を据えて仕事をしたい。そう誓った上田の心はすでに農業に強く傾いていた。「農業で頑張って稼ぎたい」。とりわけ、無農薬の農法に関心を寄せ始めたころ、「無農薬の野菜を栽培したい」という上田の存在を知った足袋抜がベジュールに受け入れてくれた。

独立を前提に農業を学びたい上田は足袋抜とのあいだで勤務は一年間と約束を交わし、平成二六年三月からベジュールで働きだした。「年収一千万円を稼ぐ農家になってみせる」というあてもない夢がエネルギーだった。一家は輪島のアパートに移り住み、妻は家計を助けるために保健所の臨時職員となった。

その上田は約束どおり、平成二七年三月一日に独立を果たし、ベジュールを離れた。夢を叶える畑は輪島市南志見(なじみ)で借り受けた広さ三〇アールの農作放棄地だ。独立した上田は嬉々として働いているのか、また会いたくなって彼の畑をおとずれたのはこの年の九月半ばだった。

南志見は輪島市街地から車で東へ二〇分ほど離れた集落だ。日本海の海沿いを走る国道を折れ、さらに五分ほど山側へ分け入った目立たない場所に彼の畑はあった。

「ビニールハウスを建てる計画」と語った話は本当だった。そこには真新しい三棟のビニールハウスが建っていた。見た目にも新品の長さ三五メートル、幅六メートルのビニールハウスが寄り添うように三つ連なって建つ光景は、どこかまだ初々しい新人農家、上田が将来への希望を託した場所にふさわしいものだった。

畑の入口に近い一棟目のハウスではトマト、二棟目では水ナス、三棟目ではズッキーニ、キュウリなどを栽培していた。二度目の取材に出かけた日、トマトはすでに収穫が終わり、水ナスはあとわずかに収穫を残し、ズッキーニは収穫の直前だった。

自分の畑に立つ上田の表情は輝いていた。人付き合いが苦手なこの青年は、おそらく丹精する畑で無心になれる時間を満喫しているのに違いない。発する言葉は歯切れよく、初めにシャイな印象を抱いた相手ととても同じ人とは思えない。

「これからニンニク、ハクサイ、カブを秋植えして、一一月には収穫します。一月からは肥料を作り、二月から三月にかけてトマトとキュウリを植える予定です。今年は四月の終わりに植えましたが、来年は二カ月作業を早め、それも植えつけの時期をずらして育ててみます。肥料は決まった配合で資材を混ぜて、発酵させています」

ほろ苦かった独立一年目

初めてづくしの農作業は失敗の繰り返しなのだろう。その口ぶりには、いつか必ず自分流の栽培方法を編み出して成功してみせると誓う心模様がにじみ出ていた。

確かに、船出したばかりの上田の農園「シンファーム」はまだ軌道には乗っていない。一年目の目標収穫量は、トマト一トン、水ナス二トンだったが、それぞれ目標の二割と四割程度にしか届かなかった。トマトは目標よりかなり少ないながらも、甘い上々の出来だったから、来期も同じ目標でチャレンジをする。

「目標と収穫量のギャップは、最初から最後まで通して栽培した経験がなく、分からないことづくめですから仕方ありません。トマトで一番戸惑ったことは、支柱の補強が足りず、作業に手間取ったことでした。水も、どの程度の量をどんな頻度で与えればいいのかが分からず、苦労しました」

最初の年に収穫した野菜はベジュールに一部を卸したほか、輪島のJA直売所、金沢市の市場にも卸した。この年は主産地を含め、トマトが豊作だったせいか、売り場にトマトが溢れ、まだJAや市場に知名度のない上田のトマトは売れなかった。収穫しても売れないのならと腐らせてしまった実も多く、気持ちがふさいだ。

しかし、自分の栽培方法に迷いはない。上田には加賀の米作農家で働いたころに知り合い、その後、なんでも相談し助言を受けている師匠と呼べる味方がいる。

東北大学の大学院まで進んで農業を学んだこの人の指摘もあり、上田は土作りに精魂を傾けている。ビニールハウスの中に積んである土作りの資材は、天然腐植質資材、活性腐植、骨粉、バーク堆肥、新微生物改良資材、石灰、嫌気性菌など多彩で、上田は「半年間、悩んだり迷ったりの連続で教訓はいっぱいありますが、土作りに関しての反省はない」と言い切る。

「自分にしか作れない野菜のイメージはあるか」と問いかけたところ、「酸味と甘味のバランスがとれた野菜を目指したい。そんなイメージはあるのですが、ただ、どうやって作っていいのかが分かりません」と率直に非力を口にする。

こうした自分を包み隠さないひたむきさは、似通った夢を抱いた仲間と努力し合ったベジュールで培われたものかもしれない。しかしいま、上田はベジュールで学んだ技術や知識、経験をそのまま生かそうとは思っていない。

自分の畑に適した土壌を作ってみせる

目指すベクトルは無化学・無農薬という点で重なるが、ベジュールの拠点である珠洲から離れている自分の畑には、もっとほかに適した土壌資材や肥料があるはずだ。目下はそれがどんな資材なのかを探し出しているところであり、上田は自分がイメージするベジュールとの付かず離れずの関係性をこう語った。

「自分にとってベジュールは仲間であり、出発点です。作った野菜を売ってくれるので、ベジュールが野菜のブランド力を高めていくなら、自分も能力を高めて、付加価値の高い野菜を買い取ってもらえる関係でありたいですね」

そうなれるまでの苦労は計り知れないが、上田は「一年目としては自分に合格点を与えたい。予想もしない問題に対処して疲れた今年に比べて、問題が予想できる来年はもう少し楽になる」と考えている。

ただし、実際に自分の畑を持って分かったのは、たった一人の農作業で一千万円の年収をはじき出すのが至難であることだった。

上田の農園の名前は「シンファーム（SINN FARM）」だが、アルファベットの綴りを考えてくれたのは妻だった。「SINN」はドイツ語で「シン」と読み、「感性」や「感覚」という意味がある。感覚を鋭く磨いて一流の農家に這い上がろうとする夫の姿なくして、思いつかなかった名前と言っていいのだろう。

ビニールハウスを三棟建てるのにかかった費用は三六〇万円で、このうち輪島市から新規就農者を対象とした補助金が七割支払われたのは幸運だった。政府系の金融公庫から国民生活事業資金として三〇〇万円を借り、青年就農給付金も五年間にわたって年間一五〇万円を受け取ることができ、資金調達は順調だったようだ。しかし給付金は、所得が一定額を超えると打ち切られてしまう。四年目からは借入金の返済も始まるため、それまでには収益の見通しを立てなければならない。平成二七年は初年度で初期投資が多く、約一〇〇万円の赤字を覚悟している。

順風とはいえない滑り出しだったが、ただ、一つはっきりと言える願いは、古里の輪島に一生住み続け、新しい農業の道筋をつけ、いつか能登が農業で栄えている時代を見届けることだ。そんな農家になることを夢見て、能登の大地でたくましく生きることを決めた上田に、妻はもう何も言わない。

プロバスケに挑んだ青春に幕

独立した瀬法司、上田という二人のベジュールPROを含め、スタッフの素顔をのぞいてきたが、平成二七年の三月に入社した新人の金田司がプロのバスケットボール選手を目指したアスリートであったことを知り、会いたくなった。

金田は平成元（一九八九）年の二月、珠洲市馬緤町に生まれた二七歳（二〇一六年四月現在）の青年だ。馬緤は後谷が暮らす大谷、高屋といった日本海側の外浦にある海沿いの集落の一つで、祖父母が漁業と農業を営み、勤めに出ている父母が手伝っている。兄が一人いる。

金田 司

金田のバスケットボール競技生活は小学校五年から続いている。金田は身長が一六七センチと小柄だ。専門とするポジションは、長身でなくても、器用な選手が起用されやすいポイントガードで、ゲームの司令塔役だ。金田は技巧派というより、自分から攻めて人を活かすタイプのポイントガードだったという。

珠洲市立大谷中学校から能登町にある石川県立能登青翔高校へ進んだが、中学、高校を通じて在籍したバスケットボール部は、まるで金田のワンマンチームだった。

さすがにこのままでは飽き足らず、高校を卒業すると新潟にあるバスケットボールの専門学校「アップルスポーツカレッジ」に進学、三年にわたってバスケットボール漬けの生活を送り、卒業後はプロに進むことだけを念じて辛い練習にも耐えた。卒業した同級生にはプロになった者、実業団チームを持つ企業へ就職した者もいる。

当時、金田は縁と運に恵まれず、そうした晴れやかな道には進めなかった。このため、卒業後は実家のある珠洲へ戻り、一年間、JAで野菜の出荷のアルバイトをしながら地元のクラブチームの練習に加えてもらい、自主トレも欠かさなかった。金田には、専門学校時代に栃木県で一度トライアウトに合格しながら、事情があって辞退した苦い経験があった。珠洲で独り黙々とトレーニングを続けたのも、プロになれるトライアウトのチャンスが再び巡ってくると信じていたからだった。

ところがトライアウトのシーズンを前に自分の不注意で怪我をしてしまい、トライアウトに挑戦する機会を逃して再び一年間を棒に振った不運が恨めしかった。珠洲で一年を過ごした金田は今度は東京へ出て、アルバイトで食いつなぎながら三年のあいだ、JBLに所属するクラブチームで毎日バスケットボールに明け暮れた。

それでもやはり願いは届かず、東京での生活に区切りをつけた金田は再度珠洲に戻ると、「これが最後のチャレンジ」と自分に言い聞かせ、もう一年だけバスケットボールの練習にどっぷりと浸かった。

すでに二五歳になっていた。たとえプロ選手になれたとしても、結婚して妻子を養うだけの稼ぎが得られる保障などないことは分かっていながら、将来のことは全く考えず、バスケットボールにしがみついたままの自分が情けなくもあった。

この珠洲にも夢追い人がいた

「もうプロへの道は断念すべきなのか」。そんな煩悶を重ね、初めてバスケットボールから離れて働く勤め先を探そうとしていた金田は運よく、ベジュールが無化学・無農薬の農業に挑んでいることをフェイスブックで知り、同じ珠洲にも夢追い人たちがいることに感動して門を叩いた。

そのころ、年老いた祖父母が「農業をやめたい」と言いだし、金田が「家代々の耕作地を家族の誰かが引き継がなければ」と思ったことも就農の契機の一つとなった。

農家の血がそうさせたのか、就職先にベジュールを選んだ気持ちに不安はなかった。「工場に入ってもつまらない。それよりも、何かに挑戦し、結果を追い続ける人生を送りたい」と金田は考え、ベジュールの仕事に打ち込むようになった。

入社して半年、主な仕事は畑の草取りやタマネギの選定、それと出荷作業だ。種をまき、芽が伸び、大きく育つ野菜が不思議で、「まるで夏休みの自由研究をしているみたいだ」と瞳を輝かせる。バスケットボールのコートが今は畑にとって代わり、飛び交うボールはないにしろ、害虫や風雨が容赦なく挑みかかってくる。「早く一人前になりたい」と思うたび、胸中にはコートで燃やした、懐かしいかつての闘志がみなぎってくる。

そんな金田が「迂闊だった」と頭を抱えたのは、平成二七年の夏、日本のプロバスケットボールがリーグ再編され、金沢市内で石川県初のbjリーグプロ球団「金沢武士団（サムライズ）」が発足することを知らずに、入団できたかもしれないタイミングをみすみす逃してしまったことだった。一度は断念していただけに、再び心が揺らぎ、悔しさが溢れ出したのは言うまでもない。

その金田が気持ちを奮い立たせ、バスケットボールに替わる将来の生きがいとして思い描くのは、祖父から引き継いだ畑でプロの農家として働く自分自身の姿である。

収入が決して安定しないことは覚悟している。馬緤町で農業に従事しているのは年配者ばかりで、金田の同級生やその前後の若い世代は一人もいない。実家の両親も兄も工場に勤務しているので、父祖伝来の土地で農業を継いでいけるのは自分しかいない。

古里の祭りに不可欠な太鼓の名手

バスケットボールのプロ選手になる夢はついえたものの、幸い馬緤町には二〇歳台の若者が心を躍らせる楽しみのひとつに「馬緤(まつなぎ)きりこ太鼓」がある。夏の奥能登で集落ごとに賑わうキリコ祭りの一つで、馬緤では昔から派手な女物の着物を着た村の若衆が太鼓を打ち鳴らしてキリコを練り回す習わしが続いている。

金田はそんな古里の住民が待ち望む祭りのスターでもある太鼓の名手だ。新潟や東京で挫折を味わうたびに珠洲へ舞い戻ったのも、そこが自分の原点の場所であり、決して縁を切ってはならない土地だったからに違いない。

深刻な過疎化は目を覆うばかりで、一緒に小学校、中学校を卒業した一四人の幼なじみのうち、いまも地元の珠洲に残っているのは金田を含めて五人しかいない。金田が馬緤へ帰ってきたのは、少年のころからの夢と決別する意志の表れと言ってよく、古里の将来や祭りを背負いたいと念じたからにほかならない。

ベジュールを立ち上げた足袋抜はダイビングのインストラクター時代、汚れた海を目の当たりにして古里の丘をきれいにしたいと思い立ち、無化学・無農薬の農業を広める人生の目標を掲げている。金田もまたバスケットボールの世界から農業に転身して、古里の未来を担おうと決意している。

夢を抱いて前に突き進む若者が少なくなった時代に、限界集落に陥りかけた能登半島の先端の小さなまちで、それぞれの夢を叶えようと奮闘する若い群像が大地に深く根を下ろしている姿は劇的である。その個性的な仲間たちを束ねつつ、いくつもの困難に直面して立ち往生することも少なくない足袋抜の爽やかさは不思議でさえある。

資金難にあえぎ、人手不足にも悩まされ、本当にいつの日か、無化学・無農薬農業が奥能登に根を張って新しい一次産業の旗手となれる時代はおとずれるのか。

「君はどうしてそんなに強いのか。心がポキンと折れたりはしないのか」

つい、そんな問いかけをしたところ、足袋抜は「どうしてでしょうねえ」としばらく考えた末に、語り始めた。

「数日前、金田司が暮らす馬緤町の秋祭りがあって、金田家に近所の人や親せき、それに僕らも招待されて顔を出したところ、美味しい料理と酒が出て、司は太鼓を精いっぱいたたいてくれました。そこには、中村健太郎の四人の子、瀬法司の二人の子、後谷の二人の子もいて、小さな子八人が走り回って実ににぎやかな宴でした。司のお父さんも僕のそばに来て、息子はちゃんと仕事をしているのかと心配そうな口ぶりでした。僕はあの日、かけがえのない仲間たちだけでなく、元気よく遊ぶ小さな子どもたちの将来も、親たちの将来も背負っていることを改めて胸の内に刻み付けました。だけど、どんな結末になるのか僕には分からない。せめていまは、もっと性根を据えて頑張ればいい、走れるあいだは無心に走り続ければいい、そう考えて淡々と振る舞っていると、くよくよしなくてすむんです」

「僕が借金してすむのなら」

確かに、足袋抜が想定する農業規模を目指すには、ひたすら努力をいとわず、前を見据えて生きていくほかはない。新たな資金が必要になれば、足袋抜は自分が借金すればいいだけの話と腹を据えていた。

「僕が借り入れて責任を負うのが当然です。返済できなくなったら、ダンプカーの運転だってなんだってして、返済すればすむことですから」

夢の始末のつけ方まで考える潔さ、これがこの青年の魅力なのだろう。好漢ここにあり、足袋抜の爽やかさに触れる時間は気持ちよく流れていく。

平成二七年の師走を前にして、足袋抜は社員たちの変化に驚いていた。独立して伸び伸びと農業に取り組む瀬法司の滑り出しが順調なことに触発された中村健太郎たち数人が「近いうちに俺も独立します」「そろそろ独立します」などと報告してきたことだった。ビジネスパートナーであり、同じ生産方法で野菜を栽培して販売についても連携し合うベジュールPROが一人でも増えることは、足袋抜が当初から望んだことだ。上田が巣立ち、瀬法司が独り歩きを始めた様子を目にした彼らにとって、自分の才覚で暮らし始めた仲間たちの姿はきっとまぶしいのだろう。

足袋抜は嬉しそうに語った。

「願ってもない申し出です。ベジュールを核にして、ベジュールPROが周囲に散って営農することは、僕たちが目指す農業が広まっていくことに通じています。ベジュールの人手はすぐに補充しますが、地元で見つからなければ、地元以外からも就農希望者を募ってカバーします。この際、繊細な作業が得意な若い女性たちだけの栽培チームを発足させて、ベジュールの実力を底上げしてもいいかなと考えています」

第四章

夢の舞台は世界農業遺産

能登は夢のゆりかご

足袋抜とベジュールの仕事のバックボーンに広がる能登とはいかなる土地であるのか、その歴史、文化などの断面を知ることで、能登が足袋抜たちの「夢のゆりかご」になりうる豊かな地域であることが分かる。

平成二三（二〇一一）年六月一一日、北京で開かれた「世界農業遺産国際会議」で「能登の里山里海」が日本で初めて、先進国でも初の世界農業遺産に認定された。能登に受け継がれている棚田やため池など里山の景観と海女漁、揚げ浜式製塩など里海の資源を活用した伝統技術、「あえのこと」や「キリコ祭り」など農漁村の暮らしと結びついた生活文化や風習などが高く評価されたことによる待望の認定であった。

世界農業遺産の対象地域は能登半島一円の四市四町（珠洲市、輪島市、七尾市、羽咋市、能登町、穴水町、志賀町、中能登町）におよんでいる。

世界農業遺産（略称ＧＩＡＨＳ：Globally Important Agricultural Heritage Systems）への認定は、その土地の環境を生かした伝統的な農業・農法や、それに伴って育まれた農村文化・農村景観、生物多様性を守る土地利用などが残る世界的に重要な地域を次世代へ継承していくのが狙いだ。二〇〇二年に国連食糧農業機関（略称ＦＡＯ：Food and Agriculture Organization）が創設した。

国連食糧農業機関とは、世界の人々を食糧不足による飢餓から救うことを目的に第二次世界大戦後にできた国連の専門機関で、当初は農業の「グリーン革命」とも呼ばれた品種改良や営農の大規模化など、主に農業の近代化をアフリカやアジア諸国で推し進めていた。ところが、開発途上国を対象にしたこれらの農業改革は、国によっては実情に合わず、多くは失敗に終わった。その反省から、人間の知恵を活かした伝統的な農業を見直し、持続可能な農業を目指す生きた農業生産システムを評価するＧＩＡＨＳの活動へと大きく転換を図った経緯がある。

能登半島には棚田が多く、美しい里山の景色が広がっている

世界農業遺産はユネスコが認定する「世界遺産」と名称が似ている。しかし、その趣旨と内容は大きく異なっている。世界文化遺産が遺跡や歴史的建造物、世界自然遺産が希少で雄大・

優美な景観の登録と保護を目的とし、対象となる遺産も多くが「保護すべき過去のモノ」であるのに対し、世界農業遺産はそこで生きる地域の人々が営々と暮らしている「いままさに進行しているコト」と言えるだろう。

最初の認定地域は中国の「青田の水田養魚」、フィリピンの「イフガオの棚田」、ペルーの「アンデス農業」、チリの「チロエ農業」などだった。これらの開発途上国は、地域農業の維持や活性化に必要な資金援助を世界銀行内に設置された信託基金から受けることができた。それゆえ「世界農業遺産は途上国の貧困救済策だ」などと指摘されたりもした。いかにもFAOは途上国の農業発展の推進役として組織されたため、当初は先進国のあいだで関心が低く、GIAHSそのものがあまり知られていなかったいきさつがある。

「SATOYAMA」はすでに世界語

ところが、平成二〇（二〇〇八）年五月にドイツのボンで開かれた生物多様性条約第九回締約国会議（COP9）では「日本の里山里海における生物多様性」が大きな議題に掲げられ、様相は一変した。

会議に列席した生物多様性条約事務長のアハメド・ジョグラフ氏や国連大学高等研究所のA・H・ザクリ所長らの関心は、遺伝子組み換え技術やバイオ燃料などよりも「里山(SATOYAMA)」というキーワードに集中した。英国のBBC放送がそれより一〇年も前に「SATOYAMA」を映像で世界に紹介するなど、すでに「SATOYAMA」が世界語になっていたことも背景としてあった。

日本の里山は、人間の生活と密接な関係を保ちながら、自然の資源を持続的に循環させる「伝統的知恵」が創り出した優れたシステムだ。日本政府はCOP9を機に、生物多様性の保全と里山利用を両立させ、持続可能な社会をめざす「里山イニシアティブ」という概念を掲げ、日本が開催地となるCOP10(生物多様性条約第一〇回締約国会議)で国際公約として発信するための準備を進めた。

そのCOP10は二年後の平成二二(二〇一〇)年一〇月、一八〇の国と地域、国際機関、NGOなどから一万三千人以上が参加して名古屋で開かれた。ここで「里山イニシアティブ」は採択され、環境省と国連大学を中心とする国際的な枠組みで推進することが正式に決まった。

この会議のために来日していた国連食糧農業機関のGIAHS事務局長パルヴィス・クーハフカン氏は、すでに日本のいろいろな事例を見聞きしていたが、世界農業遺産に日本の伝統的な知恵が凝縮した農業や漁業の「ＳＡＴＯＹＡＭＡ」がエントリーできないか、それによってＧＩＡＨＳの先進国への突破口が開けないものかと思案していたとされる。

そんなパルヴィス氏が事前に意見を求めた人物が、石川県金沢市に設置された「国連大学高等研究所いしかわ・かなざわオペレーティング・ユニット」の初代所長で、カナダ生まれの女性、あん・まくどなるど氏だった。彼女は一九八九年から日本の農山漁村社会をテーマとするフィールド調査に携わり、日本の海岸線の八割の踏査を終え、生物多様性にも精通していた。

とりわけ能登半島の風土や文化に惹かれ、能登に伝わる農耕行事「あえのこと」に強い関心を抱いていたまくどなるど氏は、パルヴィス氏に「能登と佐渡が世界農業遺産にふさわしいのではないか」と助言した。これを受けて、パルヴィス氏は実際に能登と佐渡を視察しており、その結果、二つの地域がともに認定基準を満たすと評価され、「能登の里山里海」と新潟県佐渡の「トキと共生する佐渡の里山」が先進国では初めての世界農業遺産に選ばれたのだった。

能登と佐渡に続いて、その後、国内では平成二五（二〇一三）年に静岡県の「静岡の茶草場農法」、熊本県の「阿蘇の草原の維持と持続的農業」、大分県の「クヌギ林とため池がつなぐ国東(くにさき)半島・宇佐の農林水産循環」が新たに認定を受けている。これらを含め、平成二七（二〇一五）年の時点で世界農業遺産の認定サイトは日本、アジア、アフリカ、ラテンアメリカの一三カ国、三一カ所に増えている。

足袋抜豪が郷里の珠洲へ帰ったのは平成二一（二〇〇九）年、三一歳のときだった。高校進学のため一五歳で親元を離れてから一六年の歳月が流れていた。

金沢の高校へ進学した足袋抜は、スキューバダイビングの楽しさを知り、のめり込んだ。大学を中退したあと、ダイビングショップに就職してインストラクターの資格を取得してからは、プロの水中ガイドにふさわしい卓越した潜水技術を追い求めて努力した。潜る前の詳細な注意喚起、その理由を逐一きちんと説明する足袋抜の態度に、「君が一緒に潜ると安心感があるよ」と年配の客たちから信頼された。客たちは命と安全を気持ちの良いこの若者に託した。足袋抜の責任感や勇気、ブレのない人間性はこうした対人関係と海の中で磨かれたと言ってよい。

輝きを失っていた能登の海

ところが、足袋抜が潜水の技量を高め、人間的にも成長したのとは裏腹に、大好きだった能登の海は輝きを失っていた。海中は青く澄んでいるのに、かつて密集して泳ぎ回っていた魚の群れは小さくなり、海底から立ち上るように繁茂していた海藻は半分に減っていた。南方の海にしか生息していないはずの極彩色の魚影が能登の海を群泳する景色はいかにも不気味であり、海の環境は明らかに昔と違っていた。

なぜ古里の海は命の実感に乏しいのかと思案した末、化学肥料や農薬が海に流れ込んで環境に負荷をかけている現実に思い当たったものの、地域では誰も何も変えようとしていない。そこには、少子高齢化と人口減少に歯止めが効かないまま、能登があえいでいる現実が横たわっていた。足袋抜は自問自答した。

「自分は一六年もの間、古里を省みることさえなかった。その間に、能登は海も土もまちも人も疲れ果てていた。こんなに疲弊した古里に背を向けたまま、海の環境破壊をただ嘆く口先だけの生き方は卑怯ではないのか。ならば、まずは自分が珠洲へ帰ろう。古里の未来に小さな一石を投じてやろう」

それは、倫理感でもなく正義感でもない。胸の内にあったのは「ひたすら海を守りたい」という直線的な感情であり、珠洲へ帰った足袋抜は、差し当たりは撮りためてあった海の写真や映像をＣＯＰ10の研究者たちに提供する仕事で糊口をしのいだ。

変化を促す導火線であればいい

幸い、そうした仕事を始めた直後に、国連大学高等研究所いしかわ・かなざわオペレーティング・ユニット所長のあん・まくどなるど氏と出会い、世界農業遺産に能登が選ばれる可能性があるとの情報を早い段階から得て、足袋抜は海の環境再生の糸口、地域が元気を取り戻す切り口が農業に潜んでいることに気が付いていた。

能登の世界農業遺産認定は願ってもない追い風になる予感もあった。世界農業遺産の認定が目指す地域の営みの持続と、足袋抜が夢見た安全な野菜作りとは同じベクトル上にあり、矛盾はない。足袋抜が「農業生産法人ベジュール合同会社」を立ち上げたのは、「能登の里山里海」の世界農業遺産認定発表より四ヵ月早い平成二三(二〇一一)年二月のことだった。

改めて当時の心境を語る足袋抜の言葉に揺らぎはない。

「世界農業遺産に登録された土地で本来あるべき農業の姿を追い求め、それが人や環境にやさしく、地域のパワーにもなっていけば地域の人たちの意識も変わるはずです。僕らは地域に変化の意識や勇気を促す導火線になれればいいのです」

本来行なわれるべき農業とは、まぎれもなく足袋抜が目指す無化学・無農薬農業だ。

世界農業遺産に認定された土地に求められるのは、豊かな自然や文化、伝統的な習俗を持続させつつ、人々の営みもまた脈々と息づいていく未来である。

男性的な外浦と女性的な内浦

日本海に長く突き出た能登半島は、外洋に面した地域を外浦、富山湾に面した地域は内浦と呼んで区分される。幅の狭い小さな半島でありながら、外浦と内浦の風土は大きく異なっている。

半島全体の地勢は山がちで、外浦側に脊梁山地といえる山塊が並び、輪島市の高洲山（標高五六七㍍）や珠洲市の宝立山（同四六九㍍）などが頂をもちあげている。いずれもさほど高い山ではないのだが、外浦には海岸線近くまでこうした山が迫り、荒々しい岩場や断崖が屹立する男性的な風景を創り出している。平地が少なく、藩政期には棚田も造られた。輪島市白米の「千枚田」のように山の斜面を波打ち際まで段々に開墾し、形も大きさも異なる無数の水田が密集した稀有な景観もある。

かたや内浦側は台地状の丘陵地が大半を占め、海岸部にはわずかながら平地もあって緩やかに富山湾に面している。能登町小木の九十九湾や穴水湾、七尾湾に浮かぶ能登島のように風光明媚で波静かな女性的景観が内浦の特徴だ。

大陸からの北西季節風が強く吹きつけ、標高が高い立山連峰や白山などにぶつかって北陸は大雪に見舞われやすいが、季節風は標高の低い能登半島上空をすり抜けて富山湾へ吹き込むため、能登の降雪量は意外と少ない。だが季節風をまともに受ける外浦は海が荒れる。山かげに入る内浦は陸から沖に向かって風が吹くため、冬でも波は穏やかだ。夏の能登は雨が少なく、晴れて気温も上がる。

こうした地形と気候を特徴とする能登半島の先端にある珠洲市は、内浦と外浦の二つの海に臨み、内浦の女性的で波静かな砂浜と外浦の男性的な荒々しい磯海の二つの風景をあわせ持っている。

珠洲市の内浦側は、石川県最東端となる長手崎（ながてざき）付近から見附島（みつけじま）あたりまで、浚渫（しゅんせつ）護岸工事がなされた飯田港部分を除いて、白砂青松の砂浜が続いている。なかでも鉢ヶ崎海岸は水の透明度が石川県内随一といわれ「日本の渚一〇〇選」にも選ばれている。

そんな美しい海岸を見下ろす三崎町小泊（こどまり）周辺は、明治期から昭和四〇年代まで珠洲瓦の生産で栄えたことで知られる。良い土がとれ、特に耐寒性に優れていた珠洲瓦は新潟県佐渡や富山を主な商圏としたが、輸送費が高くついたため、三河の三州瓦に市場は蚕食されていった。中世に途絶えてしまった珠洲焼と同じ陶土を用い、七輪などに加工される珪藻土とともに伝統的な地場産業だった珠洲の瓦工業は衰退し、今は数軒の窯場が細々と営むに過ぎない。

付近には生物多様性が守られた水田地帯、通称「八丁の田」（はっちょう）がある。毎年一一月になると、二〇〇羽から三〇〇羽のコハクチョウの群れが大陸から越冬のため飛来する。水田に棲む小動物などをついばみ、白い息を吐いて大声で鳴きかわす白鳥の姿は能登の豊かな自然を物語る。

足袋抜と瀬法司の実家はどちらもここから近く、二人は美しい海が広がり白鳥が飛来する場所で自然児として大きくなった。ベジュールの畑はこの八丁の田付近と、馬緤（まつなぎ）峠を越えて外浦の海を見下ろす高地までの間に点在している。

珠洲市宝立町鵜飼（うかい）の「見附島」は、巨大な軍艦が今にも着岸しそうな自然の造形が圧巻で、奥能登観光を象徴する絶景は観光ポスターにも登場する。

隣接する能登町の九十九湾はリアス式の多数の入江が箱庭のような海岸線美を奏で、日本百景の一つに数えられる。陸が沈んで海水が入った地形は深く、天然の良港とされ、小木漁港は国内有数のイカの漁獲高で知られる。

このあたりから西の穴水湾までは、南が海に開け、穏やかな磯と人々の暮らしが溶け合った里海風景が連続する。富山湾越しに立山連峰や後立山連峰の雄大な峰々が望め、特に春先の晴れた日、藍色の海上に真白く雪化粧した北アルプスが浮かび立つ絶景は幻想的でさえある。

夢追う心を育てた過酷な自然

内浦に対して能登半島の北側、外浦はどうだろうか。珠洲市の外浦地域は内浦側に比べて人口が少なく集落もまばらで、素朴な能登が残っている。

能登の最先端、禄剛崎（ろくごうさき）から珠洲市大谷町までは半島の最北端にあたり、小さな岬の岩場と広い砂浜が交互に現れる。真夏の海の色は太平洋を思わせるほどに明るく青く、防波堤に抱かれた小さな船だまりには朝の漁から戻った漁船が憩う。そばには、黒瓦と板壁の民家が数軒ばかり肩を寄せ合うように並び、背後の照葉樹の緑が裏山まで続いている。半農半漁の飾り気のない集落は奥能登の素朴な風情を漂わせて、おとずれた人の心を癒してくれる。

ベジュールの後谷は実家のある大谷町で生まれ育ち、幼いころから祖父母の畑仕事を手伝い、成人してからは潜水漁で生計を支える穏やかな暮らしが性に合い、都会へ出ようとは思わなかった。

だが、この地の冬はすべての彩りを失う。海は灰色の時化が何日も続いて、雪も舞い、人々は声を潜めて網を繕い、じっと春を待つ。外浦の冬の自然が人間というささやかな存在に強いるのは忍耐をおいてほかにない。そうした海辺の集落に、後谷と金田は家族とともに暮らしている。プロのバスケットボール選手になるろうと努力を重ねた金田の強じんな精神力は、この土地の過酷な自然が育てたのであろう。

奥能登各地の風土を綴っていくと、外浦と内浦の対照的なイメージが浮かび上がってくる。外浦の冬の荒ぶる厳しさ、対照的に内浦の穏やかな優しさ……。「風土が人間を規定する」と東西の哲人が確言したように、能登人が垣間見せる穏やかな優しさと、いざという時に顔をのぞかせる逞しさや忍耐強さは能登の風土に培われたものに違いない。

世界的天文学者が見た明治の能登

明治時代の能登を知る手がかりになる貴重な文献がある。

明治政府が近代化を急いでいたころ、能登を旅したアメリカ人、パーシヴァル・ローエルが著わした見聞録だ。ハーバード大学を卒業したローエルは、何度も日本をおとずれた日本贔屓で、晩年は数学的計算により海王星のかなたの惑星X（冥王星）の存在を発見した世界的な天文学者としても知られている。

三度目に来日した明治二二（一八八九）年五月、ローエルは一人の日本人を従者にしたがえて能登を旅して、二年後に『NOTO――能登・人に知られぬ日本の辺境』と題する紀行文をニューヨークのホートン・ミフリン書店から出版した。能登を世界に最初に紹介したこの洋書は、約九〇年後の昭和五四（一九七九）年、当時金沢工業大学で教べんを執っていたローエル研究家の宮崎正明氏により翻訳、出版された。

翻訳者の宮崎氏は、当時三四歳のローエルが能登旅行を思い立った動機について未知で未開の能登半島にこそ、東京のように西欧の模倣文化に毒されていない真の日本の姿があるだろうと考えたからに違いないと、出版の辞で述べている。

従者を伴ったローエルは、新潟県の直江津から人力車と徒歩で能登を目指した。越中（富山）と国境だった荒山峠から能登に入り、七尾、和倉を経由し、二日に一度運行していた小型蒸気船で奥能登の玄関口にあたる穴水までたどり着いている。

ローエルは船から眺めた七尾湾の自然を「海岸線の屈曲の多様性はなまめかしい」「陸と水とが、これほど調和を保っている地形は稀に見るもの」などとたたえ、「絵のように美しい光景」という表現を重ねて用いている。

能登で出会った誰もが親切だったことや、人も子どもたちも元気で生気に溢れていた印象を優しげな筆致で描いたローエルは「他の人たちがなんと言おうとも私は、日本人は地球上で最も幸福な民族の一つであると言いたく、それは彼らに接すると、こちらの心が強く魅きつけられる事実でも明らかだ」と紀行文に記している。

能登の人々をいきなり「日本人」と書いたローエルの表現は決して誇張ではない。自然科学者の立場から、母国アメリカの機械文明と産業主義への偏りを嫌い、極東の神秘の国、日本に夢を求めて来日したローエルだったからこそ、能登で出会った人々や風物から「理想の日本」を強く嗅ぎ取ったのだろう。

日本海がもたらした寄り神伝承

日本海に突き出た能登半島には対馬暖流にのって様々なものが流れ着く。南の島のヤシの実も流れ着けば、ハングルなどの外国文字が書かれたプラスチック製の飲料ボトルも漂着する。

三方を海に囲まれた能登半島へのこうした寄りもの（漂着物）は遙か古代からあった。確かに、海を漂い海岸に寄り着いたと伝承され、祀られた神や仏が能登には数多い。能登町宇出津にある酒樽神社がまつるのは酒を入れる樽に乗って流れ着いた神様だ。志賀町百浦の百沼比古神社の御神体は桃の木に乗って流れ寄った神と伝えられる。他にも高麗、任那の名を冠した神社が能登にはある。寄り神伝承をもった社は能登全域で一〇〇を超えるとされ、神が乗って漂って来たとされる乗り物（依代）はワカメ、貝殻、タコ、大根などと多彩だ。

珠洲市在住の郷土史家、西山郷史氏は、能登の人々は寄り神、寄り仏が流れ着いた海岸線を特別に神聖視したとし、神仏があがった浜へは祭礼ごとに神輿がお仮屋をもうけて巡行し、その神輿のお供に付き従った小さな灯りが「キリコ」へと発展した（『能登の国』北國新聞社刊）とみている。

凄まじいキリコ祭りの吸引力

夏から秋にかけての季節になると、能登の各地では、こうした由来を持つ「キリコ祭り」が盛大に繰り広げられる。

七月の第一金曜日から土曜日にかけて行なわれる宇出津の「あばれ祭り」を皮切りに、稲刈りが終わる一〇月まで、祭りは能登のそこかしこの地区や集落で行われる。

代表的な祭りだけ指折り数えても、七尾市石崎の八幡神社の祭礼「石崎奉灯祭り」、輪島市の重蔵・住吉・奥津比咩・輪島前神社の「輪島大祭」、穴水町の沖波諏訪神社の「沖波大漁祭」、珠洲市宝立町見附海岸の「七夕祭り」、珠洲市三崎町寺家の須須神社の「寺家大祭」、珠洲市蛸島町の高倉彦神社の「蛸島キリコ祭り」などがあり、キリコ祭りは大小あわせると能登全体で二〇〇を数える。祭りで使われる「キリコ」の数は七〇〇基から八〇〇基はあると言われる。

キリコとは「切子燈籠」を縮めた略称で「切籠」と書き、神輿のお供として道中を練る。海のかなたの「常世の国」から来臨する神様が乗る神輿を照らす目印と意味付けられ、祭礼一日目の宵祭りに繰り出して神輿を勢いよく先導する役割を受け持つ。キリコの形状は細長い直方体の行灯形をしており、大きいものは高さが一二メートルを超え、重さは二トンにもなる。

こうしたキリコと同様に灯明が祭礼の主役と化したものといえば、秋田県の「竿灯祭り」や青森県の「ねぶた祭り」などもそうなのだろうか。だとすれば、海を渡って渡来した神々への信仰が日本海側の東北地方まで灯明の形を変えながら伝わったのではあるまいか。能登がこれら日本を代表する夏の祭りの起点にあったと想像することは愉快で楽しい。そんなキリコの由緒は、能登に暮らす人々の物静かで誇り高い気性にも通じているのかもしれない。

キリコの担ぎ手は、かつては氏子の若衆だったが、最近は若者が減ったために近隣の集落との間で労力を出し合う「結い」で補っている。キリコに同伴してお囃子や笛、ほら貝などの鳴り物が奏でられ、担ぎ手は練りながら威勢のよい掛け声と返し言葉で呼応する。

リーダーの怒号が響きわたり、松明が火の粉を飛散させて燃えさかる。熱気を帯びるほどに、担ぎ手の男たちは着けていた法被や白装束、海岸部に多い女物の派手な着物などを脱ぎはだき、上半身裸になって酒瓶をラッパにしてあおる。そんなキリコが何基も乱舞する周囲を取り巻いて観衆がはやしたてる。いつもは静寂な能登の集落は、祭りの夜だけは火と音とうねるような人波で町場のように活気づく。

能登一円にみられるこの祭りは平成九(一九九七)年に「能登のキリコ祭り」として国の無形民俗文化財に指定された。平成二七(二〇一五)四月、文化庁は将来の世界遺産を見据えた「日本遺産」の最初の一八件の一つとして「灯り舞う半島 能登~熱狂のキリコ祭り~」を選定している。

キリコ祭りの吸引力は凄まじい。能登を離れ、金沢や遠く都会へ出ている若者には、夏のお盆や正月には帰省しなくても、キリコ祭りにだけは何をおいても能登に帰るという者が少なくない。祭りの準備ために会社を辞めてしまう者もいるとされる。

盆も正月も日本人にとって大切な行事には違いないが、そんな家々の季節の区切りとキリコ祭りとは違う。キリコ祭りは、自分が生まれ育った土地に根を張る共同体の「祭り」であり、ふだん能登に住んでいようがいまいが、キリコを担いで共同体の一員であることを確認する重要な意味がある。いわば己れの存在証明の場なのだ。

一〇年で三五〇〇人ずつ人口が減る現実

キリコ祭りは若者を呼び戻してくれる祭りだが、熱狂の数日間が過ぎてしまえば、若者たちは再び都会の人となり、能登は静寂な日常に戻ってしまう。

物静かな日常に残されるのは、年老いた親たちであり、口にはしない不安や寂しさが日々の暮らしを覆っていく。

かくも、能登の人口減少はとどまるところを知らない。奥能登の先端部に位置する珠洲市は、本州一人口が少ない市となってしまい、人口減少率はついに二桁台に突入した。総務省の国勢調査および国立社会保障・人口問題研究所の将来推計人口資料をみると、平成一二（二〇〇〇）年の国勢調査時に一万九八五二人を数えた珠洲市の人口は平成二二（二〇一〇）年になると、一七・九％減少して一万六三〇〇人にまで減っていた。

　将来推計人口資料にある今後の推定では、平成二七（二〇一五）年はさらに減少して一万四五三四人、五年後の二〇二〇年は一万二九二一人、それから二年後の二〇四〇年には七四七四人まで落ち込み、いまからわずか二五年のあいだに珠洲市の人口は半減するとみられている。

　六五歳以上の高齢者の割合は、二〇一〇年時点で、すでに全国平均の二二・八％を大きく上回る四一・一％に達しており、このまま推移すれば二〇四〇年の珠洲市は高齢化が一段と進んで五二・二％にまで跳ね上がり、実に二人に一人が高齢者になる計算だ。

　珠洲市の場合、いま一年間に生まれる赤ちゃんがおおよそ七〇人を数え、亡くなるお年寄りがおおよそ三五〇人とされ、自然減だけで一年のあいだに二八〇人ずつ人口が減っている。これに、若者を中心に、転入者より市外への転出者が圧倒的に多い社会減の要素がのしかかってくる。たった一〇年のあいだに三五〇〇人ずつ住民が激減していく人口推計は、もはや将来に向けての警告にほかならず、自治体はもとより、珠洲に暮らす人々一人ひとりの危機意識の持ちようが地域再生のカギを握っているのは間違いない。ここにもまた、足袋抜たちが突き動かされている現実がある。

そんな珠洲にもかつては観光地として脚光を浴びた時代があった。昭和三六（一九六一）年、松本清張の長編推理小説『ゼロの焦点』が映画化され、同じ年、家庭に普及し始めたテレビでも連続放映された。外浦にある「ヤセの断崖」がクライマックスの舞台として映像に登場したことで能登の「秘境」のイメージが注目され始め、昭和四〇年代後半には奥能登に空前の観光ブームがおとずれた。昭和四九（一九七四）年、山本コウタローとウィークエンドが歌った『岬めぐり』もブームに拍車をかけた。

当時は国鉄七尾線も能登線も、満員列車が都会からおとずれた若いグループや家族連れなどを運び、奥能登をめぐる定期観光バスの拠点だった宇出津や朝市で有名な輪島は大勢の人出に沸き返った。珠洲市周辺でも恋路海岸、見附島、禄剛崎灯台、木ノ浦海岸、真浦海岸や曽々木（そそぎ）海岸といった観光スポットに人が溢れた。押し寄せる観光客を受け入れる宿泊施設が既存の旅館やホテルだけでは足りなくなり、農家や漁家などもこぞって「民宿」に早変わりした。農業や漁業が衰退し出したのは言うまでもない。

だが、能登半島ブームは長くは続かなかった。昭和五二（一九七七）年に石川さゆりの演歌「能登半島」がヒットしたころにはすっかり熱気が冷め、歌は能登の挽歌のようにも聞こえた。ブームは所詮いっときの流行(はや)りでしかなく、多くを期待し過ぎた奥能登に漂ったのはあきらめ、徒労感だった。にわか民宿は看板を降ろして元の半農半漁の生活に戻り、あるいは高齢を理由に廃業し、奥能登には静けさと、以前にも増して憂鬱な沈滞が残された。

これといった産業も勤め口もない奥能登に、高校を卒業しても残る理由はなく、多くの若者が古里を去った。半島の行き止まりにある珠洲は、こうしてまちも人も元気をなくしかけたが、豊かに移ろう四季があり、再生する力が勝る自然は多少のダメージを受けながらも、損なわれることなく残っている。

そこにこそ、いまの珠洲にベジュールが現れた意味があると言えはしないだろうか。若者を結集して新しい農業に取り組み、沈滞する珠洲を鼓舞しようとする気骨は、きっと古里の未来へのカンフル剤になっていくと思いたい。

能登に息づく農耕祭事「あえのこと」

足袋抜は、幼少のころ実家で目にした祖父の奇怪な行動をはっきりと覚えている。

それは冬に奥能登の農家で行なわれる「あえのこと」だった。
「あえのことは家のじいさんがやっていました。裃（かみしも）を着る本格的なものではなかったけど、毎年、冬になると神様を自宅の風呂場に連れて行くんです。何を言っているんだろうと、いぶかりながらじいさんが喋るのを聞いていました。誰もいないのに、おかしいなと思いましたが……」

初雪が舞い、田んぼがうっすら雪化粧する毎年の一二月五日、珠洲市、輪島市、能登町、穴水町の一部の農家ではいまも「あえのこと」が執り行なわれる。「あえ」とは饗応、すなわちもてなしを、「こと」は祭を意味する。

「あえのこと」は稲作を守る田の神様に祈りと感謝をささげる奥能登の代表的な農耕祭事で、千年の歴史を持つといわれる。昭和五一（一九七六）年に国の重要無形民俗文化財に指定され、平成二一（二〇〇九）年九月三〇日にユネスコの世界無形遺産に登録された。世界農業遺産認定への決め手にもなった行事として名高い。

家ごとの行事であり、流儀や次第はまちまちだが、どの家でも田の神様は目が不自由であることだけは一致している。目の不自由な田の神様に田んぼの中からお出ましいただき、裃姿のあるじが家の中へ案内し、朱塗膳に盛られたご馳走を食べていただいて風呂に入ってもらうという大筋も同じだ。

この一連のストーリーの中で重要なことは、実際のしつらいと主人の口上とその仕草にある。田の神様の姿はもちろん見えない。しかし主人も家人も、誰もが神様があたかもそこにいらっしゃるかのように恭しく振る舞うのである。

能登の人の心には田の神様が実在する

田の神様に心尽くしの御膳を進めながら「何もご馳走はございませんが」「お粗末でございました」などと謙遜する仕草には、能登の人の謙虚さがにじみ出ている。家主はふだん使わない改まった言葉で事物を一つひとつ丁寧に説明し、神様が進もうとする足元や手元を照らすかのような言葉で「転ばないで下さい」などと注意も喚起する。奥能登の人の心には田の神様が実在しているのである。

この一種の寓話劇は、いまも奥能登の一部の農家で、農繁期が終わった一二月と春耕が始まる二月の毎年二回、農耕行事として厳かに演じられている。同じ屋根の下に暮らす子も孫も、その一部始終を目の当たりにし、不思議な気持ちで魂の深部に焼き付ける。いつしか子ども心に自然に感謝し祈る素朴な信仰心のようなものが醸成され、小さな存在に過ぎない人間の謙虚さを自覚していく。

足袋抜も、祖父の怪しい所作を見るうちに「田の神様がいると信じるようになった」と言っている。ベジュールの後谷も瀬法司も金田も、農家に育った者はみな同じ原体験の持ち主だ。能登人が身に付けた自然への感謝と謙虚さは、家ごとに伝わる能登の農耕祭事「あえのこと」を通して受け継がれてきたのであろう。

幼いころ、意味は分からないなりに田の神様をもてなす祖父の姿を目に焼き付けた足袋抜が、農業に腰を据え、奥能登の将来を見据えようとするのも、その五体に奥能登で暮らした先人と同じ遺伝子が宿っているからに相違ない。

珠洲市は市政予算が一般、特別、企業の三会計を全部合わせても二五〇億円しかない小さな自治体だ。ここ五年間、毎年三五〇人前後も人口が減り続け、小売業を含めて地場の産業は衰退が目につく。高校を卒業して就職したり、大学へ進学したりして、そのまま都会に残って帰って来ない若者の数が積み重なっている結果、高齢化率が高まっていることに市も危機感を強め、過疎化対策として定住人口と交流人口を増やす手だてに苦心を重ねているものの、効果は出ていない。

総合政策の柱として大学連携を推進している珠洲市は、市庁舎の前の建物の三階を珠洲サテライトとしてCOC事業(地域と連携して教育や研究を行ない、地域の活性化に貢献する大学を補助金で支援する事業)を展開している。金沢大学のカリキュラムの一部を珠洲サテライトに呼び込み、ＣＯＣ事業最終年の平成二九年には、教養課程の必修科目として、学生たちが能登へ来て滞在し、単位を取得するシナリオも計画している。

大学を窓口に若い人材を珠洲に呼び寄せ、定住人口と交流人口の押し上げを同時に図る試みには、行政の苦心と工夫が色濃くにじむ。

総合的な施策の指標に「幸福度」を掲げる珠洲市は、すでに「ヘルスツーリズム」にも着手している。模索するのは市民に健康と幸福感をもたらす施策だが、農業に従事するかたわら、農業や自然に触れながら参加者に精神的な安定を得てもらう「メンタルヘルス」のプログラムも手掛ける足袋抜との連携が不可欠として、ある幹部職員は「できることは何でもやる。足袋抜君たちの力も得ながら、いまの人口規模をなんとか維持して、元気な珠洲を作っていきたい」と力を込める。

限界集落はもう間近なのか

さりとて、この市幹部職員は無化学・無農薬農業に突き進むベジュールと足袋抜の存在を評価しているのだろうか。

地元のＪＡやＪＡと関係の深い市議会議員などの中には、ベジュールが進めようとする先鋭な農業に「そんなお遊びしてどうなる」「無化学・無農薬なんぞお題目に過ぎん。そんな野良仕事が成り立つはずがない」と険しい視線を送る向きも少なくないようだが、幹部職員の目は温かった。

「珠洲で若者の集団が農業生産法人を組織して働くのは、とても珍しい現象です。個人レベルでやっている若い農家はわずかにいますが、耕作面積を広げ、多彩なネットワークも駆使して、組織的に農業に向き合っているのはベジュールだけです。足袋抜君が凄いのは会社を立ち上げて事業をコントロールする能力の高さです。大学とか種苗業界とのあいだにも巧みにネットワークを広げた強みがあり、可能性を感じています。なんとか成功事例になって欲しいですね。私は応援しています」

匿名を条件にインタビューに応じた市の幹部職員が足袋抜たちの存在に熱い視線を投げかける背景には、限界集落に転落してしまうことへの恐れがある。

限界集落は人口が減って、どこかで限界点に到達してしまうと、小売業が成り立たなくなるなど、日常生活の基盤が根こそぎ壊れて、住民はその土地で暮らすことをあきらめ、集落は消えていく。

珠洲市は、そんな限界点がいつ到来してもおかしくない自治体であり、目下は限界点の到達を少しでも先延ばしする施策に余念がない。

幸い、ここ五年ほど、高校を卒業しても地元に残る若者がわずかだが増えてきている。道の駅が三つに増え、商品を納める仕事も増えるなどして市内の経済が少し元気を取り戻したこと、二五歳以下の世代が小学校で「珠洲学」とも言える地元学習をするようになり、育ったまちへの愛着が強まったことなどが背景にあるらしい。

仕事が増えた背景には、団塊世代が一線から引退し、さらにその再雇用期間も終わり、人手の穴埋めを必要とする一時的な求人需要があるものの、団塊世代が再雇用先からも退職すると付き合いが減り、仕事で珠洲から遠方に出向く際の定番土産に使われた地元名産「いも菓子」の売上が落ち、祭りの「よばれ」も少なくなってきている。

そんな閉塞感から抜け出していない珠洲市にとっての朗報は、世界農業遺産の認定にも深く関与した金沢大学が珠洲市で「能登里山マイスター養成プログラム」に乗り出したことだった。

このプログラムは、自然と伝統文化の宝庫でありながら、深刻な人口減少と高齢化で集落の維持が困難な問題に直面する能登の持続的発展をサポートするため、自然資源を活かし、自然と調和した地域再生を担う若手人材の育成を目的に始められた。

平成一八（二〇〇六）年、金沢大学は事業資金を確保するため、民間ファンドの導入を目指し、同年八月、三井物産環境基金の採択を受けて「里山里海自然学校」をオープンした。その翌年には、児童数の減少により廃校となった珠洲市立小泊小学校の校舎を金沢大学が借り受け、「金沢大学能登学舎」を開設。その際、珠洲市は四六〇〇万円を投じて校舎を改築したほか、金沢大学と石川県立大学、能登半島の三つの自治体（輪島市、穴水町、能登町）とともに地域づくり連携協定を締結して社会人の人材養成講座「能登里山マイスター養成プログラム」を開講した。

能登学舎には、若手博士教員など五人が常駐して、地元はもとより、東京など県外からそれぞれの課題を掲げて受講する若者たちをバックアップした。

里山マイスターの若者五二人が能登に定住

文部科学省からの補助金を受けていたことから養成プログラムは五年間をひと区切りにスタートした。

目標として掲げたのは、農林水産業をベースに能登半島の未来を切り拓くリーダーの育成だった。四五歳以下の男女を対象に受講者を募ったところ、都会からの移住者を含む農林水産業の後継者、ＪＡや自治体の若手職員、小売業など多彩な業種、職種の希望者で定員を満たし、五年間で六二人の里山マイスターを認定した。

驚いたことに、このうち五二人が能登に定着し、奥能登の二市二町には一四人が移住する成果を挙げた。

これに伴い、国の補助が打ち切られたあとも事業は継続され、新たに「能登里山里海マイスター育成プログラム」が立ち上げられた。

ベジュールからも、その一期生として足袋抜豪、後谷真弘、瀬法司公和、大澤知加、上谷和裕、中村敬たちがそれぞれの研究課題を携えてプログラムを履修した。履修期間は一年で、受講生は卒業論文を書き上げ、発表して巣立っていくが、トラブルいっぱいの野菜作りに明け暮れる彼らにとって勉学は容易でなかった。大澤を除いて全員が二年間の留年を余儀なくされ、足袋抜たちは丸三年をかけて平成二七年に晴れて卒業している。

会社を興してまだ間もなく多忙だった足袋抜があえてマイスター育成プログラムの受講を決めたのは、そこに無化学・無農薬農業に挑もうとする彼のチャレンジシップを評価し、気長に見守ってくれる理解者たちがいたからだった。

その一人、プログラムの代表責任者で、当時、金沢大学学長補佐でもあった中村浩二教授は、「大学らしいことを大学らしからぬ方法でやろう」と提唱してマイスター養成の先頭に立った人物で、農漁業、林業などにおける若者が主役の新ビジネス、新規起業などの後押しに情熱を注いだ。

ベジュールを見守る大学教授たち

足袋抜がベジュールを起業する以前から海の環境調査などを通じて付き合いがあり、その中村教授から「能登の里海に少し変わった面白い青年がいて、無化学・無農薬の農業をやろうとしている。見どころがあるので面倒を見てやって欲しい」と紹介されたのが、プログラム開講時から能登学舎長を務める金沢大学の川畠平一客員教授だった。

さらに、金沢大学の能登オペレーティング・ユニット地域連携ディレクターで、里山マイスター養成プログラムの企画運営を担い続ける能登町柳田出身の宇野文夫特任教授も、奥能登の地域振興に精魂を傾ける足袋抜たちの姿に熱い期待を寄せ、惜しみなく助言している。

このうち石川県に長く勤め、農業政策に精通する川畠教授は石川県農業総合技術センター長を最後に退職したあと、県産業創出支援機構で環境ビジネスや食品企業をバックアップする業務に就いた豊かな経歴があり、金沢大学客員教授となってからは里山研究に本腰を入れ、農業ビジネスへの理解も深かった。

四七年におよぶ農業経営研究キャリアを誇る川畠教授の研究フィールドは、北陸の主要平野のほか、中国の黄河流域、フィリピンのルソン島、アフリカのタンザニアなどの稲作地帯にもおよぶ。その視野の広さ、柔軟性は能登学舎長となっても農産物の商品化、六次産業化、環境配慮型農業のあり方などの助言、指導にいかんなく発揮されている。

足袋抜の飛び抜けた経営センスと将来性を見抜いた川畠教授がまず求めたのは、農業とは何かを身を以て知ることだった。それは、理想だけでは対応できない農業の難しさを自らの体で覚えよ、作物がどんな土壌でよりよく育つのかを骨身を削って学べというものだった。

こうした薫陶を受け、時には叱咤もされた足袋抜は卒業論文の冒頭にこう書いた。

「魅力ある能登地域に根差した農業を行なうために農業法人を設立。環境負荷の少ない農業を主体とし、耕作放棄地の解消や地域において新しい農作物などに挑戦しています。化学的な農業資材、除草剤を使わない農業を徹底しています。我々は、農業技術を向上させることと同時に、能登が大好きな農業者の育成、仲間づくりを行なっています」

臨場感にあふれた卒業論文

そのうえで発表したのは、起業してから四年間におよぶ事業の総括と考察だった。売上高の推移、経常利益の推移、販売チャンネル別の構成比率、経費の構成比、人件費の推移、労働分配率と雑収入の推移……。

その卒論は必ずしも右肩上がりの華々しい経営結果ではなかったものの、受講修了の時点ですでに四年間もの事業の蓄積があり、語り尽くせない起業からの起伏と苦難の歩みを自己評価した内容は、早々と夢の実践者として起業に踏み切り、真剣勝負の世界に身を置く者でしか書きえない臨場感に溢れていた。

足袋抜が卒論の最終項に掲げた事業連携マップには、珠洲市を中心にベジュールPROである独立就農者として瀬法司と上田の農園が記され、ベジュールパートナーと呼ぶ協力農家も二つの個人農園と一つの農業生産法人の名前が載せられ、共感の輪がじわじわと広がり出していることをうかがわせた。

「我々ベジュールは全ての力を未来のために出しきること、本質を大切にし、常に独創的なベジュールらしさを探求すること、一秒一秒の成長を約束し、全ての人と笑顔、夢、感動を共有すること」を会社の哲学として締めくくった論文に、川畠教授は高い評価を与え、やがて能登のリーダーの一人として活躍してくれることを期待している。

「泥をすすっても生きのびる」と誓った難聴青年

足袋抜と同様に、ベジュールからプログラムを受講した面々の卒業論文にも、それぞれのはちきれそうな願いが綴られていた。

中村 敬

中村敬(なかむらけい)は輪島市出身の三〇歳で、一歳の折に失聴して感音性難聴の重度聴覚障害者となった若者だ。

ろう専門の短大を出たあと、自立して生きる道を農業に求め、後谷の紹介でベジュールに入社した。すでに農耕車に限られる大型特殊運転免許のほか、刈払機取扱作業者資格、農業技術認定資格の二級を取得している。

卒業論文のテーマを「障がい者と農業〜自分のこれからを見据えて〜」とした中村は、北陸における農業分野での障害者就労が大型機械を使った稲作主体であることが壁となって少ないことを強調し、自分の就農経験から、障害者にも可能な労働として、種まき、育苗、除草、収穫、出荷調整、作物の袋詰作業などと指摘する一方、逆にトラクターの運転、重量作物の運搬などは困難としたうえで、「自分ができること、できないことを整理しながら、最終的にはプロの農業家として独立し、中村農園として成功したい。同じ障害をもった人たちに稼げる農業を教え、自立を応援したい」と発表した。

その夢の実現に向けて、土壌医の資格取得を当面の目標に据えている中村が卒業論文の最後に力強く刻んだ言葉は「たとえ泥をすすっても、おれは生きのびる。能登で頑張ります」だった。

足袋抜たちより二年早くプログラムを修了した大澤知加は、「里山里海資源を活用したメンタルヘルス・プログラムの事業化」について活動した記録を残している。

この事業は、うつ病によって増える企業などの休職者を農業体験によってリフレッシュさせ、治療の効果をサポートしようとする試みで、全国的にもほとんど前例はないとされる。ベジュールで無化学・無農薬の農業に携わる大澤は、自然豊かな珠洲が半島の先端という遠隔地にあり、リラックスや癒しの場所を求めがちなうつ病の患者が知人に会うストレスの心配がきわめて少ないこと、体験農業に使える休耕地がふんだんにあり、自分を含め元気な若者と触れ合う機会を珠洲で提供することで、社会支援と能登の活性化を同時に図ろうと考え、実践した。

農業で癒すメンタルヘルス・プログラム

「能登里山里海マイスター育成プログラム」がスタートするより早く、平成二三(二〇一一)年一〇月から二年半、農水省の研究事業として金沢大学、法政大学などと共同でメンタルヘルス・プログラムに着手した大澤は、主に東京や広島の医療機関から紹介された参加者たちを七泊八日前後の日程で珠洲に迎え入れ、メインの三日間を農作業などの体験に充て、合間に二日間の休息日を設け、希望者は一日観光のほか、釣り体験、座禅体験などに参加してもらった。

参加者たちを珠洲訪問前と農作業三日目、プログラム六日目、自宅への帰着直後、帰着後六カ月後の五回にわたってメンタルチェックしたデータ分析を金沢大学大学院医学研究科の中村裕之教授に依頼したところ、GHQ（精神的健康尺度）とSDS（抑うつ尺度）に大きな改善が認められた。

さらに、大澤のプログラムに参加した人たちと、同じ期間に病院で投薬治療などを受けた人たちに対して、同じ項目のメンタルチェックを行なったところ、珠洲で農業体験をした人たちの病状の改善傾向が高いことも確かめられた。

これを受けて大澤はプログラムの事業化に向けて動き出しており、企業の損失の軽減や患者医療費の負担軽減、能登における交流人口の増加とそれに伴う経済の活性化に思いをはせている。

「能登里山里海マイスター育成プログラム」に集う若者たちの研究目的は多彩だ。

足袋抜たち留年組が一緒に研究成果を発表した受講生たちの事例は、「薪づくりによる里山レスキュー」「能登の酒とインバウンド・ツーリズム」「能登半島レストラン構想」「珠洲の新たな観光資源としての冬季サーフィンの可能性」「五感を使った田んぼの生き物観察会の実践」など、いずれも個性に満ちている。

大澤と同時に修了した受講生たちもまた「西洋料理で使える奥能登未利用キノコの活用」「農業に縁の無かった都市民が能登の耕作放棄地問題について何かできることはあるのか？」「能登＝農都ならではの山活用、葉っぱ・木の実・木材廃棄物ビジネスで里山を活性化」「能登の里山を守るマタギ生活を目指して」といった独自のテーマを掲げて、それぞれが高い志を抱いて能登の将来を見つめていることが分かる。

半島の先端という袋小路のような立地を弱みととらえず、リラックスや癒しに適した強みと考えた大澤、耕作放棄地が点在するがゆえに化学肥料などの残存が少なく無化学・無農薬の聖地となりうる可能性に着眼した足袋抜……。彼らのように柔軟に思案してダイナミックに行動を起こそうとする若い世代が奥能登に集い、ともに研鑽する光景は楽しげな未来への期待を膨らませてくれる。

確かに、止む気配のない人口減少と高齢化で能登の展望は明るくない。しかし、そんな土地だからこそ、真剣に未来を見据え、やがて能登のリーダーとなって古里を照らそうとする若い群像が存在することは、能登が一次産業の将来を背負って立つ人材の宝庫、夢のゆりかごの土地となりうることを物語っている。

彼ら一人ひとりの存在は小さい。それゆえに一つひとつの夢も目立たないが、やがて能登学舎で学んだ若者たちの希望が膨らみを増せば、夢と夢とが溶け合って、能登に吹きわたる風となり、夢を育む風土が生まれることを望みたい。

第五章

いわき遠野物語

ベジュールが栽培する野菜のうち、ニンジン、タマネギ、カボチャに大口の買い手が現れ、足袋抜たちの事業はいま、経営基盤の礎が固まるかどうかの岐路にさしかかっている。

大口の買い手とは、福島県いわき市で農産物の加工業に乗り出した現地の農業生産法人、株式会社いわき遠野らぱんである。この会社は無化学・無農薬で栽培された野菜だけを原料とする野菜スープを主力に、添加物を加えず野菜本来の味と健康成分が凝縮した多彩な商品を生み出している。

自社で無化学・無農薬の野菜を栽培し、自ら加工して流通もさせる六次化のビジネスモデルに果敢に挑む気概とエネルギーは、東日本大震災に伴う福島第一原子力発電所の事故がもたらした風評被害を克服して「福島県産」ここにありを示そうとする強烈な意地によって支えられている。

自慢の野菜スープは、東京に本社を置く医療機器の製造販売会社が八万パックを販売する契約が整い、平成二七（二〇一五）年の夏から本格的なOEM生産（相手先ブランド製造）がスタートしている。この農業生産法人にとっても、ベジュールにとっても、それぞれの念願が具体性を帯び、社業が本格的な軌道に乗るかどうかの局面にあり、足袋抜たちはいよいよ夢の入口に立ったことになる。

ベジュールといわき遠野を結びつけた人

能登半島の先端で農業に生きる若者たちと福島県いわき市の農業生産法人を結びつけ、仲人役を買って出たのは、無化学・無農薬農業に詳しく、農家が丹精した野菜を有効に加工する付加価値の高い農業ビジネスの実践モデルを長年、模索してきた一人の人物だった。

長野一朗。この人は、知的な情報を他分野の情報、アイデアとドッキングさせ、新しい環境ビジネスや健康ビジネス、食品ビジネスに導いていく企業、インテリジェンスリンク株式会社（本社・東京）の代表取締役だ。仕事の拠点を金沢に置いて、日本ロボット外科学会の理事に就いているほか、心臓外科の分野で世界的な権威として名高い渡邊剛医師が総長を務めるニューハート・ワタナベ国際病院（東京都杉並区浜田

長野一朗

山）で広報戦略室長のポストにもあり、患者への負担が少ないロボット心臓外科手術を広げようと腐心する渡邊医師の戦略立案に辣腕をふるっている。

長野が経営する会社の拠点を金沢に置くのは、敬い慕う渡邊医師が平成二六（二〇一四）年春まで金沢大学医学部の教授だったため、自分も金沢に腰を据えビジネスを展開していたことによる。数年前に金沢大学の教授から「能登に農業で地域おこしをしたがっている青年がいる。彼らの夢が叶う農業を教えてやってもらいたい」とする依頼を受け、能登に足を運んで出会ったのが足袋抜だった。

その後の長野は、足しげく奥能登の珠洲に通い、ベジュールの若者たちに無化学・無農薬農業の理論を教え、土着の菌を培養して土作りを進める作業のイロハを伝授した。理論はあるものの、自分の畑や農作業に従事するスタッフを持たない長野にとり、ベジュールの若者たちは、長野が理想に掲げる無化学・無農薬農業の願ってもない実践者となり、ベジュールの夢はいつしか長野も共有する願いとなった。

こうした長野の存在を知ったいわき市の農業生産法人から営農指導を頼まれた長野は、ここでも無化学・無農薬農業を根付かせ、収穫した野菜を加工流通させる六次化農業のうち、二次産業にあたる加工が原発事故による風評被害を振り払う決め手になると進言し、すでにある程度の規模でなら計画栽培が可能なベジュールの野菜を原料に使った野菜スープ作りの計画を立ち上げた。

奥能登の再生を願うベジュールを語るうえで、恩師とも恩人とも呼べる長野の存在は不可欠だ。いわき市の農業生産法人いわき遠野らぱんの今後を占ううえでも、長野の発想力や行動力がどのように研ぎ澄まされ、この会社に成長をもたらしていくのか、興味をそそられる。

理科室はおとぎの部屋だった

長野は昭和三二（一九五七）年二月、福岡県太宰府市に生まれた。

少年時代の長野は、納得しないとテコでも動かない性格の持ち主だった。小学校では理科が面白く、季節や気候、風、星、太陽など自然の不思議に興味を抱いた。科学や化学に関心があった長野少年にとって、理科室は天体望遠鏡や顕微鏡、真空ポンプ、温度計、湿度計などの機械や計測器具類が充満したおとぎの部屋だった。五年生になると、理科室に入り浸りとなり、先生から理科室の鍵を預けられた。

中学に進み、三年になると、新任の担任とまともにぶつかった。長野は、授業をちょくちょく自習にしてしまう担任を無視するようになり、中間、期末試験の答案を白紙同然で出した。筋が通らないことへの激しい怒りはそんな少年時代からあった。

中学を卒業した長野は普通の高校へは進まず、広島県江田島にあった海上自衛隊少年術科学校（四年制）に入学した。当時は七〇年安保闘争、浅間山荘事件、三島由紀夫割腹自決事件などが起きて日本の左派と右派がせめぎ合った時代だった。ともすると左へ左へと傾いていく世相になびくことを嫌った長野は親の反対を押し切って自衛隊の少年術科学校への入学を決意した。

長野は五歳のころに腎臓病を患っていた。治療とその後の安静で治癒はしたものの、無理をすると疲れやすい体質になっていた。体格のよかった長野は少年術科学校の受験願書に「既往歴なし」と書いて入学したが、のちに明るみに出てしまう。

入学して最初に行なわれたランクの見極め試験は一二〇人中、九八番だった。長野は奮起して成績を伸ばしたが、カッターの教練で疲れ、同級生より目立って遅れをとるようになって腎臓病が知られてしまう。そのままでも学校に残ることはできたが、負い目を背負って学ぶのが嫌で、一年修了と同時に術科学校を辞めた。

支給された給料やボーナスを使う機会もなかったため、手元には六〇万円ほどの貯金があり、親に迷惑をかけたくない長野は貯金を元手に地元の私立の男子校・東福岡高校に入学した。二次募集で受験できた高校でもっとも偏差値の高い高校だった。

大学一年で早くも起業

少年時代から笑顔と目の輝きが好感を持たれ、人の恨みを買わない長野は友人が多かった。人とせっかくつながったのならプラスになる人間関係でいたい。出来ることは頼まれる前にやる繊細さと鋭敏さは、友人の心を察知して素早く行動する長野の習慣の根底にあり、幼いころから「人のためにならない仕事は仕事ではない」と父親に諭された言葉も心の軸となった。警察官で「清濁合わせ飲む」ことを嫌った頑固者の父は男気があり、出世のための勉学にいそしむ同僚に背を向けて刑事畑一筋に歩んだ、その人生が誇らしかった。

地元の私立総合大学である福岡大学法学部法律学科へ推薦入学した長野は、考えが理論的で数字にも強く、高校に入り直してから続けた皿洗い、叔父の酒屋の配達などのアルバイトで蓄えた資金を元手に、大学一年の途中で小さな会社を作った。

長野は年に何度か沖縄へ飛び、転属する米軍将校たちが置き残した高価な服やジャンパーなどを安く買い付け、周囲の知り合いに売っていた。自宅を倉庫がわりに、仕入れた商品の写真を撮り、焼き増ししては買ってくれそうな友人に配った。商いの芽がどこに転がっているのか感じ取り、どうすればビジネスになるのかを思いつく機転はこのころから異彩を放っていたことが分かる。まだ一九歳だった。

大学四年のころ、目先の変わった仕事がしたくてたまらない長野は、自分に普通の会社勤めは無理だろうと考えていた。四年生の半ばころ、地元福岡で大型のスポーツ用品店を二店舗開店させたやり手の社長に「靴の勉強がしたい」と頼み込んだところ、「いつでも手伝いにおいで」と歓迎してくれた。大学を出るとくだんのスポーツ用品店に就職したものの、すでにスポーツ用品業界は転換期にさしかかり、昔ながらの小さなスポーツショップは生き残れない予感があった。

二五歳で長野はスポーツ用品店を辞め、のちに旭硝子の子会社となるメガネの卸問屋岸田へ入った。本社は東京の御徒町にあったが、ちょうど岸田が九州に支店を出したタイミングと時期が重なる幸運もあり、地元で採用された。

岸田はメガネやレンズを眼鏡店や眼科医へ卸していた。長野は普通の営業では飽き足らず、取引先に対していくつもの企画を提案し、「これで御社の売上が増えたなら、増えた分の発注は自分の会社に回して欲しい」と申し出、東京、大阪、海外の市場をターゲットにした営業企画書を書きなぐった。

勤めていた支店は断トツの成績で、一月から一二月までの会計年度のうち、一〇月で年間予算をクリアすると、一一月と一二月は翌年の仕事の仕込みに充てた。周囲から「独立すればいいじゃないか」と勧められるようになり、長野は良くしてもらった社長への不義理に後ろ髪をひかれつつ独立を決意した。

ちょうどそのころ、長野が光学系の会社で働いていることを知る友人から「眼科とコンタクトレンズ販売を併設する事業を興したい。手伝ってくれ」と頼まれ、その後の軌跡につながっていく。

友人の依頼を受けた長野は、いつしか医師の開業コンサルタントのような仕事に就き、医師たちとの深い交流が始まった。

免疫学の世界的権威との出会い

そんな医師たちの中で長野がもっとも薫陶をうけたのが、免疫学の世界的権威として知られた東京大学の多田富雄名誉教授だった。

多田教授は免疫学の権威であると同時に文筆家としても著名で、『免疫の意味論』（青土社）で大佛次郎賞、『寡黙な巨人』（集英社）で小林秀雄賞、『独酌余滴』（朝日新聞社）で日本エッセイストクラブ賞などを受賞している。能の作者としても知られ、晩年には文化功労者に選ばれている。

以前から多田教授が書いた『免疫の意味論』を興味深く読んでいた長野は、やがて、食を考えるようになり、農業を軸に医療や免疫にも関心を抱くようになる。『免疫の意味論』を書いた多田先生にひと目お会いしたい……。高名な多田教授への片思いは募るばかりで、どうしても会いたい衝動にかられるまま、教授を知る知人に相談したところ、運よく長野の思いは教授の耳に届いたようだった。

多田教授は超多忙だったが、時間を融通して会ってくれた。初めての面会を終えた長野が毛筆書の礼状を送ったところ、丁寧な字で「いつでもいいから遊びに来なさい」と毛筆で書かれた返事が送られてきた。この手紙に意を強くして次に面会をした折、帰り際に教授の秘書の女性が「多田がこんなに頻繁に同じ人に会うことはありません。この調子で先生に食い下がりなさいよ」と励ましてくれた。

それからの二人は電話でもメールでもなく、手紙での交信を続けた。平成一一（一九九九）年に「環太平洋諸国の免疫学会がタイであるので、一緒に行きませんか」と多田教授から誘いの手紙が届き、舞い上がるような気持ちで同行した。

同行して滞在したホテルでは、あろうことか多田教授の隣に長野の部屋がとられていた。学会の期間中に、教授から「エイズ撲滅キャンペーンがあるのでチェンライに一緒に行かないか」と誘われ、飛行機に乗り、船に乗り、象に乗ったりして目的地の村へたどり着いた。このころから長野は多田教授に家族のような扱いを受けており、のちに深い子弟の関係を結んでいくことになる。

タイをおとずれた翌年は二人で能登を旅した。多田教授は科学者であると同時に、比類のない文化人であり、長野は「能登は文化圏として独立していて面白いね」と感想を口にした多田教授の言葉をいまも忘れていない。

当時、長野は「食」で免疫力を保てないものだろうかと考えていた。人生の師とも仰ぐ多田教授と次第にそうした学術的な話が出来る関係になったことは幸運だった。

「科学の目と詩人の心を忘れるな」

その多田教授は平成一三（二〇〇一）年、長野と二回目の能登旅行を目的におとずれた金沢で脳梗塞に倒れ、言葉と右半身の自由は失ったが、運よく思考や判断能力に損傷はなく、一年におよんだＮＨＫのドキュメンタリー番組制作へも惜しみなく協力した。「多田先生がいるところには必ず長野がいる」と言われたのが、このころだ。長野は多田教授に寄り添ってかいがいしく世話をしながら、キーボードを介して多彩な分野について意志を通わせる時間を得て鍛え上げられ、深い理系の知識と、多田教授が求めた「解析」「観察」「予測と哲学」の感覚を磨いた。

長野はまた、多田教授が代表を務めていた自然科学とリベラルアーツを統合する会「ＩＮＳＬａ」の立ち上げと運営に深く関与した。平成一九（二〇〇七）年の東寺公演では、多田教授の新作能「一石仙人」が披露された。教授が亡くなる直前の平成二二（二〇一〇）年に東大安田講堂で開催された「日本の農と食を考える――農・能・脳から見た――」講演会には野村萬作師や加藤登紀子らも出演し好評を得た。多田教授が食と命、あるいは文化の危機的状況をも発信しようとしたスケールの大きな学者であったことがよく分かる。

長野は「まず詩人であれ。科学の目と詩人の心を忘れるな」と導いてくれた多田教授の言葉を遺言として心に刻み、それが、のちに自分の能力を全開させ、ベジュールや福島県の農業生産法人、いわき遠野らぱんの夢やロマンの実現にのめり込んでいく伏線となった。

いま長野が代表取締役を務める「インテリジェンスリンク株式会社」は東京・本郷の多田教授の自宅に本社があり、長野が住む金沢市が仕事の拠点となっている。多田教授が命名した社名には「食、農業、医療と研究者、臨床基礎研究と企業を橋渡ししたい」とするこの人の願いが込められている。

多田富雄東大名誉教授の人生の弟子であった長野が、「能登は文化圏として独立していて面白い」と語った師が深く愛した奥能登の珠洲で、若者たちに無化学・無農薬農業を指導するのは運命的でさえある。

「先生の死後、足袋抜君たちと出会い、私は啓示を受けたような気がしました。彼らの夢の実現に力を貸すことは、多田先生が残されたミッションだと考えています」

長野が考える無化学・無農薬の生産方法は奥が深い。足袋抜たちに伝えた知識や技術がどのようなものなのか、農業理論も交えて説明してもらった。

化学は遠くに置き、科学と知恵を重視する

「化学を使わないオーガニック農法と言っても、足袋抜がやっている農業で重要なのは科学的な施肥設計です。日本の里山は化学肥料のせいで荒廃しましたが、いま、足袋抜はいい位置にいます。価値を分かってくれる消費者が増えてきたし、農協がどんどん弱体化してきました。足袋抜たち自身もまた、欲しい堆肥や肥料を自分で作る技術を身につけてきています。いま足袋抜たちがやっていて、いわき市でも教えている

のは、まず土壌のPh値を測ることです。窒素・リン酸・カリやミネラルがどれだけ土壌に残っているかを計測し、そこで野菜を植える場合、その野菜の施肥設計に合った土作りをするのですが、栄養をたくさん入れると野菜は子孫を残さなくてもいいと思ってさぼってしまう。ところがギリギリで施肥すると野菜は生存能力を発揮して根をどんどん張っていく。そんな植物の特性をよく知って施肥すると安全でおいしい、充実野菜ができるわけです。私は化学的なものを全て否定はしません。ただ、化学は遠くに置き、科学と経験や知恵を重視したいと考え、教えています」

土壌の科学は難解で、土の中で起きる細菌や微生物のドラマを想像することは至難だ。長野はこうした地中のサイエンスを真っ先に足袋抜に教えたという。初めのうちはよく電話で質問してきた彼らが、最近は自分で判断できるようになったのか、このところ電話は少なくなった。奥能登の教え子たちの成長が長野は嬉しくてならない。

長野の解説は次第に熱を帯びていく。

「よく培養した細菌を施肥した土の中では、分子の大きな尿素がアンモニア態窒素に分解され、さらに硝酸態窒素に分解されていきます。硝酸態窒素はそうやって小さなサイズになって初めて、野菜に吸収されていくのです。昔の農家は動物の糞尿を生で入れたり、下肥をまいて肥料としましたが、いまは即効性のある化学的な硝酸態窒素をまいてしまい、自然分解という土中の工程を省いてしまった結果、硝酸態窒素の過剰を招いているのです。このことはビタミンBのサプリメントを飲むのと、ビタミンBが豊富に含まれる豚肉を食べるのに似ています。豚肉を食べて間接的にビタミンBを摂取しようとするのが足袋抜の農業で、ビタミンBを直接与えてしまうのが化学に頼る現代農業です」

長野がベジュールの指導にひときわ情熱を注ぐのは、能登半島の先端部という隔絶した立地にも魅力を感じるかららしい。福岡で暮らす家族と別れて金沢と東京、福島を慌ただしく行き来する長野は忙しい。それでもベジュールの様子が気になると、金沢でのスケジュールをやり繰りして、車で三時間もかけて珠洲に駆けつけている。

「僕が珠洲に着目しているのは自然環境です。知多半島や伊豆半島など太平洋岸にも能登と同様な地形はあり、野菜の栽培は盛んです。ただ、知多や伊豆には雪がない。僕は積もった雪がそれまでの栽培履歴をリセットしてくれて、土自体が冬のあいだにきれいになるのだろうと想像しました。春に雪が解けて肥料が浸潤し、土の中から流れ出ていくことで、地表の栄養価が均一になるのではないかとも期待しています。九州などは一年中が耕作期で土を休ませる時がない。その点、少なくとも四ヵ月は土と菌がリセットされる能登半島は雪の量が最適です。さらには大規模農法ができない土地柄であることも重要な能登の特性です。北海道は大規模に化学農法ができます。だけど能登で化学農法を行なおうとしても、大規模な機械化栽培ができないのなら、同じ手間暇をかけて無化学・無農薬農業を行なう方が理想の農業に近づけるのです」

能登は長野にとって、環境に負荷をかけず、安全で健康な野菜を栽培できる農業の理想郷なのだという。ここでベジュールの若者たちが丹精した野菜を次は、どこで、どのようにアピールしていくか。

そう思案していた長野に無化学・無農薬農業の指導を仰いだ福島県いわき市の株式会社いわき遠野らぱんが、その後、東日本大震災を境に農産物加工で農業の六次化を志向し始めたことが、新しい事業のナビゲーターを得意とする長野を再び奮い立たせていくことになる。

古里が生き残るエンジンでありたい

株式会社いわき遠野らぱん。一風変わった社名で産声をあげた福島県いわき市の農業生産法人は、いわき市の中山間地に位置して珠洲と同じ人口の減少と高齢化に悩む同市遠野の企業家、平子佳廣（たいらこよしひろ）の「古里遠野の衰亡にストップをかけたい。古里が生き残っていくためのエンジンでありたい」という強い願いの下に創業された。

「らぱん」はフランス語でウサギを意味している。かつて、古里の野山に野ウサギが繁殖し、農家に家畜としても飼われていたころの懐かしい記憶を思い起こした平子が「遠野に再びウサギが遊ぶ自然と人々の笑顔を取り戻したい。その起爆剤となる企業に育ちたい」という夢を託した社名である。

平子は昭和二八（一九五三）年二月、福島県遠野村で平子家の長男として生まれた。らぱん本社事務所と工場がある上遠野（かみとおの）からさらに山あいに入った入遠野（いりとおの）地区に妻と息子夫婦、二人の孫、それに平子の母親の七人家族で暮らしている。

平子佳廣

平子が生まれた当時、遠野の男たちは農閑期になると東京や川崎へ出稼ぎに出るのが常だった。父の扶（たもつ）は「家族が一緒に住めないのはおかしい」と考え、出稼ぎには行かず、周辺の農家と共同で酪農を始め、手で搾った牛乳を細々と出荷はしたものの、農家が必要とする現金収入には追い付かず、挫折しようとしていた。

そんな矢先、旧遠野町など周辺自治体の合併で誕生したいわき市が新産業指定都市になって「小名浜港が大きくなる」という話を聞き込んだ扶は、日雇い作業員をあっせんする仕事を始めた。出稼ぎせずに家族と暮らせる仕事を切望していた地元の男たちにとって、コンビナートの建設に伴う小名浜港の本格的な整備計画は何よりの朗報だった。日銭が欲しくて日雇いに応じた遠野の兼業農家の男たちは、港の工事現場で様々な作業に従事するうち、次第に腕の確かな鉄筋グループとして成長していた。最初のうちは大手元請の建設会社から仕事をもらう不安定な日雇いだったが、扶は鉄筋を組む技術を身に付けた同郷の仲間を組織化して昭和四三（一九六八）年、「平子組」という会社を設立した。

そんな父を見て中学時代を過ごした平子は、自分も大人になったら地元の役に立ちたいと思うようになり、東京の大学を卒業すると、父の会社に入社した。小名浜港で産声を上げた平子組の男たちは、東北の港を渡り歩いて鉄筋工事の実績を積んでいた。平子自身も入社直後の昭和五〇（一九七五）年から東北各地の港で飯場暮らしをしながら仕事を覚えた。昭和五六（一九八一）年、その平子が社長に就任すると、会社は「平子鉄筋工業株式会社」に社名を変えた。

無化学・無農薬野菜で活路を拓こう

平子鉄筋工業株式会社には約四〇人の社員がいる。バブル経済がはじけて不況に陥った途端、公共事業は減少して鉄筋の仕事にもかげりが生じた。

平子は悩んだ。このままでは社員を食べさせられなくなる。父の時代から働いてくれた仲間を解雇もできない。社員の多くは近郊の兼業農家で、公共事業の土木作業しかできない。建設を中心とする公共事業は年度末の二月でおおよそ終わるので、例年、社員たちは二月末から五月までが暇になる。この期間は米作りの準備に忙しかったので、「いっそのこと農業に本格的に参入してみてはどうか」と平子は考えた。

ところが鉄筋屋兼農家でもある社員たちは一年に一度の一毛作の米栽培しか知らない。もっと効率のよい農業はないのか。こう思案した平子に浮かんだのが、年に二、三回は収穫が望める野菜栽培に特化することだった。政府が主導する米の減反政策もあり、米から野菜へシフトさせる方向性がまず決まった。

平子がこだわったのは、普通の野菜作りではなく、手間のいる無化学・無農薬の新しい農法による野菜栽培だった。付加価値の高い野菜は脚光を浴びるはずで、社員たちの手元に一円でも多く現金が入る手だてはそれしかないと信じて疑わなかった。

そんな矢先、無化学・無農薬の専門家グループの存在を知って支援を仰いだところ、指導を引き受けてくれ、手探りながらも新しい農業の道へ分け入ることができた。しかし、銀行は「そんなの絶対に儲かんないから」と資金を貸そうとしなかった。そんな周囲の冷めた見方に反発した平子はますます尖った農業を目指すようになり、収穫した野菜を農協へは出さず、素材にこだわるレストランだけと契約栽培することなども思い描いていく。

退路を断っての新たな船出

社業は息子に譲り、自分の退路を断っての新たな船出。平成一六（二〇〇四）年のことだった。

二・五㌶から始めた平子の畑の作付面積はいま七・五㌶まで拡大し、ハウスも増えた。農地は、離農した人の土地を買ったり、借りたりして広げてきた。農業参入には全盛時の勢いにかげりが見える本業の鉄筋の出費を少しでも抑える目的もあったが、かえって出費が増えていると平子は苦笑いする。

遠野は全国の多くの中山間地区と同様に少子化と高齢化、過疎化が進んでいる。この地域を消滅させたくない。平子はそんな切実な思いから平成一七（二〇〇五）年一月、農家や商店、商工会などから七三人の賛同を募り「遠野産業振興事業組合」を設立した。事業目的は、古里遠野の人作り、産業作りである。

単なる「協議会」では有名無実になりかねないので、あえて一人一口一〇万円という高額な出資金を出してもらい事業組合とした。

「自分たちが作ったものは自分たちで売りたい」

「そのためには人を呼ぼう」

「遠野を人が集まる一大村にしよう」

平子の自宅がある入遠野は県道20号に沿った山あいにたたずみ、川霧が浮かぶ田園風景の美しいところだ。

平子は組合の事業と並行して、日本の原風景を思わせる地元に「うさぎ野」という名の施設を作り、人々を呼び込みたいと構想していた。そんな計画の実行組織を自力で立ち上げようと平成一七（二〇〇五）年八月に創業したのが、フランス語でウサギを意味する「ラパン」を冠した農業生産法人、株式会社いわき遠野らぱんだった。

遠野産業振興事業組合もまた、事業展開は活発だった。

「集客のためには温泉が必要だろう」と話し合い、地下一五〇〇メートルまで掘り進み、一億五千万円の事業資金を投じたが、その大半は平子が平子鉄筋工業の自前資金から捻出していた。ところが、温泉を掘削した場所がいわき市の水源に近く、温泉で使った湯の浄化にさらに八千万円が必要と分かり、温泉の夢は途絶えた。

「ならば、ここで栽培した野菜を売ろう」と決めた平子は、港湾土木の元請会社に大手家電メーカーへの口ききを頼んだ。基幹事業の不振から多額の赤字を計上していたこのメーカーは、社会貢献事業には金を出せなかったが、東京にある自社の社員食堂に一万人分の野菜を受け入れてくれる話がまとまり、遠野の地元も沸き立った。

暗転をもたらした東日本大震災

ところが平成二三（二〇一一）年三月一一日に東日本大震災が起き、福島第一原子力発電所の事故が発生した途端、野菜を買い取ってくれていた会社から「福島の野菜はもう買えない」と連絡があり、事態は暗転してしまう。

大口の野菜納入の道を絶たれた平子は、新たな野菜の販路を得ようと躍起になった。ところが、原発事故がもたらした風評被害で「福島産」への風当たりは強かった。

悔しさと憤りを募らせ、「それなら、生鮮野菜を売る商いから、自分たちで野菜を加工して流通に乗せる六次化で風評をかわしてやる」と開き直った平子が、遠野の地域を巻き込んで計画したのが野菜の加工工場建設だった。

これには七億円の資金が必要だった。

福島県には産業創生の企業立地補助金制度があり、震災の被災地には資金の三分の二が補助された。平子は早速、事業計画書を作成し、福島県に提出した。申請は、地元の野菜（サンシャイントマト）の加工品を製造し、雇用を創出するという内容で、事業計画には津波被害者を含む一〇人前後を確実に雇い入れることが盛り込まれていた。

申請が殺到したためか、平成二五年度中の許可は下りなかったものの、翌年になって事業計画は採択され、野菜加工工場の建設事業費七億円のうち四億六千万円が補助金として支払われることが決まった。

残りの二億四千万円の金策に平子は奔走したが、地元のＪＡでは「いまは福島で何をやったってダメだよ」と断られ、かろうじて協力的だったいわき信用組合から一部融資を受け、まだ足りない資金は平子自身が出資した。

震災以前から平子は、農業の指導を引き受けたグループの一員でもあった長野と面識があった。とりわけ、原発事故に伴う放射能汚染という事態に、長野の科学的な深い知見が力になると直感して相談を持ちかけ、長野もまた「多田先生がご健在なら必ず被災地に寄り添ったに違いない」と念じて、協力を約束してくれた。

長野は精力的だった。原発事故による放射能汚染に直面する平子たちが何より求めたのは、放射線量の含有をいかに抑えた野菜を栽培するか、という一点に尽きた。

これを知った長野は、一般的に細菌が病原菌に対抗する力を秘めていることに目をつけ、いわき市内の神社の参道の石段を真っ白に染めていた放線菌を見つけると、平子とともに実験を繰り返した。苦心の末に、細菌が放射線量を軽減させる効果を確認した長野は、足袋抜たちも試みている地元の細菌の培養を平子に勧め、ベジュールと同じ無化学・無農薬農業の導入を強く進言した。

起死回生の決め手は「魔法の野菜スープ」

次いで長野は、平子が研究を始めていたトマトの加工品作りにも次第に深く関わり始めた。「尖った商品を生み出したい」と願う平子に対して長野が提案したのは、彼が自ら製法を編み出し「魔法のスープ」とも呼ぶ「野菜スープ」だった。

「カゴメなどの大手と同じ土俵で戦えるはずはなく、ニッチトップとハイエンドユーザーを狙った」と長野は打ち明ける。

福島県は平子の会社が六次化の成功ビジネスモデルになりうると考えたのか、県が構築した「いわき地域産業6次化ネットワーク」に参加させてくれている。海外の新しい野菜の品種などを県内に導入しようとする際、事前に栽培や加工の打診が舞い込んでくる。

「福島産だから」という理由だけで市場から締め出される福島の一次産業の苦境と悔しさがあるからこそ、風評被害に果敢に挑む平子に県も期待を寄せたのだろう。

こうした周囲の熱い視線は、まぎれもなく平子佳廣の人望の厚さと地元における知名度の大きさを物語っている。

遠野の親方として、近隣の農家の男たちに港湾工事の仕事を世話した父親もそうだったが、鉄筋屋を継ぎ、「社員と家族を飢えさせるわけにはいかない」と、社員たちにもできる農業への参入に踏み切った平子佳廣という人物は、都会へ出た集落の人たちが高齢になった親を看取るために古里へ戻ってくる場合の受け皿になろうとさえしている。

日常的に仕事のない人には勤め口の世話まで焼き、尽くして求めようとしない度量の大きさは、父親譲りの「遠野の親方」をほうふつとさせる。

その冷めやらぬ情熱の源が「古里作り」にある平子は、自分の孫が生まれたときに聞かされた「この子が入遠野小学校に入学するころ、新入児童は二人しかいない」という話に情けなさを募らせ、遠野産業振興事業組合を挙げていわき市内外の遠野域外に住むかつての同級生や若夫婦などを遠野に呼び戻す人口増加作戦に力を入れている。

入遠野小学校には、二、三〇年前まで、一二五人ほどの児童が通っていた。それが七、八年前には在校児童が一〇人を割り込み、平子たちが抱いた「これって学校が無くなっちゃうってことか。そうなれば遠野も消滅してしまう」という危機感が、遠野出身の若夫婦などに遠野への帰郷移住を勧める運動のバネとなった。

「帰って来い遠野へ。父ちゃん、母ちゃんが孫の面倒を見てやっから、お前たち二人して共稼ぎやるっぺ」

そんな呼びかけが功を奏して、東日本大震災の前から遠野に移り住む人たちが増え、ここ数年、入遠野小学校の児童数は一〇人前後をしっかりキープし続けている。

平成二六年だけでも、いわき市内で八つの学校が廃校に追い込まれている状況からすれば、入遠野小学校の児童数維持は奇跡的とさえいえる。

「馬鹿がいないと地域は救えない」

遠野に暮らし、かつては福島県の会津地方振興局長として地域政策に精通し、現在は東日本国際大学（いわき市）の経済情報学部で教べんを執る上遠野（かとうの）和村教授は、さびれつつある遠野の中でいつも住民を鼓舞して活気を取り戻そうと心を砕き続ける平子の涙ぐましい努力を称賛した。

「遠野はいわき市の中山間地域で、県内でも有数の過疎地域です。私は中学校卒業と同時にこの土地を離れ、大学は京都、その後は県の職員として福島市で暮らしてきました。私にとって遠野は故郷であり、歳をとってからは直線の都市ではなく曲線の田舎に住みたいと思い帰郷してきました。私が地方振興局長として勤務した会津には、原発事故以降、原発のエネルギーに頼らないで自然エネルギーで電気を起こし、会津独立みたいなことやってみっぺ、会津には会津本来の生き方があるはずだっぺ、と考えて小規模発電を事業とする会津エネルギー機構という会社を立ち上げた人たちがいます。ここ遠野には平子佳廣さんがどっかりと腰を据え、小学校の児童数を増やすという奇想天外なことをやってのけ、痛快でなりません。都市部でなら、一〇〇人、一〇〇〇人単位の雇用とか人口の増加には驚きませんが、地域の消滅が現実味を帯びる田舎に人を呼び寄せ、五人、一〇人の雇用を生み出すことは誰にもできない芸当です。これは平子佳廣さんの生き様そのものですよ。地域作りには、この人のように夢中になる馬鹿がいないとダメなんです」

いわき遠野が醸し出す深い精神世界

平子がこうまでして守り抜こうとする遠野とはどんな土地なのだろう。

ここは福島県いわき市の中山間地で、阿武隈山地を背にして南部に開け、豊富な水量をもつ鮫川が地域を分断して太平洋に注いでいる。昭和三〇（一九五五）年三月、入遠野村と上遠野村が合併して遠野町となり、昭和四一（一九六六）年、遠野町を含む五市四町五村が合併していわき市が誕生した。

遠野には、空海、最澄と並ぶ平安期の密教の高僧・徳一大師が生き仏となって入滅したとされる言い伝えがあり、入滅の地には祠が建ち「入定（にゅうじょう）」という名の小さな集落が山中にたたずんだ。

四季を通じて豊かな自然に恵まれ、古くから農耕で生計を立てた住民のあいだには、我が子の成長を願う女性だけが集い、十九夜の月を祭る講「十九夜講（じゅうきゅうや）」、中国から伝わり、平安時代から始まったとされる「庚申講」、大黒天に五穀豊穣を祈る「子待講」、いまなお婦人病の平癒を女性たちが祈る「淡島講」などの素朴な宗教行事が伝わり、いまなお受け継がれている講もある。

福島県いわき市遠野は小さな盆地。
川霧が立ち込めると幻想的な山里の気配を見せる

さして標高が高くない小さな山並み、そのあいだの狭隘な平地では、盆地ならではの川霧が立ち込め、幻想的な山里のいたるところにポツン、ポツンと建つ「三宝荒神」「大黒天」「二十三夜塔」「十九夜塔」「馬頭観世音」「聖徳太子」「東堂山」といった無数の石塔が川霧の中に浮かび上がる光景は、深い精神世界の営みがあった土地であることを想起させる。

遠野のむら辻や墓地の入口などには、「六道能化」と書かれた木札も見られた。六道とは、地獄道、餓鬼道、畜生道、修羅道、人道、天上界を指し、それぞれを受け持つ地蔵が定められている。能化とは、すべての生物を仏教に帰依させる仏さまを指し、六地蔵を意味している。こうした木札をむら辻などに建てたのは、死者の霊が俗界に迷い戻ることがないようにとの願いの表れとされる。

遠野は馬産地としての歴史をもつ。上遠野には昭和二八（一九五三）年当時、六三二戸の農家に四二五頭の馬が飼われていた記録が残り、馬小屋を二棟も三棟も持つ家があったという。養蚕も盛んだった遠野には、馬小屋と養蚕部屋と物置きをひと棟にした納屋が多かったとされ、岩手県遠野市の南部曲り家を連想してしまう。

確かに、「遠野」と聞けば、日本人の多くは岩手県の遠野を連想するだろう。河童が棲む淵、数多くの伝承と南部曲り家……。

しかし、福島県いわき市にも、「遠野」が長い歴史を刻んでいまも脈打っており、「とおの」という郷愁を帯びた地名は岩手の遠野にも劣らぬロマンを感じさせる。

このいわき市遠野で、平子から「一緒に無化学・無農薬の農業を広めてほしい」と頼まれ、それまで慣れ親しんだ農業から新しい農業に転じた農家の古老がいる。

折笠包芳（おりかさかねよし）、昭和一一（一九三六）年七月生まれの七九歳（二〇一六年四月現在）。自宅はいわき市遠野町入遠野字南にあり、そこはかつて「入定」と呼ばれた、山すその小さな集落だ。

平子は、いわき遠野らぱんを設立した平成一七（二〇〇五）年、八軒の農家にらぱんの協力農家になってもらった。この集落からは、折笠を含め三軒の農家がらぱんに丹精した野菜を卸している。大勢の農家の中から、平子が折笠に声をかけた理由は、実直で曲がったことはしない人柄と人間的な信用だった。集落の人たちからも信頼され、戸惑うことが多かった仲間たちをまとめてくれた。

遠野への愛情をよすがに生きる古老

その語り口はまさしく実直で素朴だ。

折笠包芳

「俺は代々の農家で、何代目かって聞かれても、俺と親とその親とその親ぐれえしかわかんねえっぺ。昔の人は食べることで精いっぺえで、俺は学校卒業するとすぐ親の手伝いだった。今考えるとそれがいかったっぺ。ずっと米と野菜、タバコ、養蚕、コンニャク、麦を作ってきた。春になると遠野はタバコだ。タバコは種をまいて苗を育てた。そのうちに今度は養蚕だ。次は水田。養蚕と水田とコンニャクを一緒にやる。一年を通じて何かを作っていた。現金なんかはねえよ。養蚕は資材やなんかに金がかかっから。蚕さまは住居のなかで飼ったな。ここの部落は昔は一〇〇戸ぐらいあったそうだ。半農が半分の五〇戸、あとは山仕事だ。昔、俺の親なんかはシュヌキ（ヒノキ）を育てて、すげえ美林だったよ」

折笠もまた、平子に劣らぬ遠野への深い愛情をよすがに生きている。昔のきれいな風景をいまならまだ残せる。そう考える折笠は「俺はここの川に生息するもの、山なら山で人のために生かせるものがあれば、それを残したい。誰だってここで生活できるしね。教育も何も受けていねえから、ただそんなふうに考えたよ、俺は」と淡々と言う。

折笠は一二㌃の自宅の畑でダイコンや菊芋を栽培している。当初は慣れない農法にたまげながら、平子から助言を得て、寡黙にこつこつ働いてきた。この一〇年、ただ骨身を惜しまず畑に立ち続けたのは、自分の習い覚えた新しい農業が古里の将来の肥やしになるのならという純粋な気持ちからだった。そこに打算がないことは、体を動かすことを美徳とする言葉に強くにじんだ。

「人は働くことによって道が開けてくるんだ」

「俺は何はともあれ働くことがいちばんいいと思ってっから。人は働くことによって道が開けてくるんだ。そうだっぺや。農家ってのは何で朝早いかってえと、ともかく朝が早ければ飯前(めしまえ)仕事といって時間がかかるやりづらい仕事を先にやってしまえる。だから、朝は早く起きるんだ。朝の四時でも五時でも畑に行って、体がバンザイすればだめだけど、働けるうちは働こうと思ってるよ。無化学は大変かって？　そりゃ、無化学・無農薬のダイコンは変形して二股になってよ、それをらぱんが買い取って乾燥したり漬物に加工するんだ。農薬を使えば楽は楽だ。使わなきゃ、虫に倒される率は多いよ。農薬をまけばそれで済むのに、体を使って虫をとるのは大変なことだよ。だけども、土には力があるわね。コンニャクでもダイコンでも小砂利が混ざった軽くて硬い土だから実が締まってるよ。食べるとうまかっぺ。栄養分があるってことなんだな。世間から八〇になってよくやってるって言われるが、ラッパを死ぬまで放さない兵士と同じで、ここさ生まれて、ここで鍬でも何でも持って死ぬつもりでいっから、俺は。そういう心がなくては仕事に集中力も何も生まれない。ただ年とって体が弱って足腰が利かなくなっては何にもなんめえ。だから自分でいご（動）かれるうちはやろうと俺は思ってっから。心がけです、それが」

平子が協力を呼びかけた農家は名うての名人ぞろいだという。「自然薯だったら俺しかできない」と強く自負する農家は、夜明け前から山へ入り、茨城や栃木からもはるばる買い求めにくるファンが多い。折笠のコンニャクも実が重く、それでいて柔らかくプリプリして香りがあるという。鍬や鋤は普通なら三年ほど使えるが、折笠の畑の土は硬く、一年で使い物にならなくなってしまう。

平子はそんな名人の家を時折たずねては話し込む。手土産の酒を酌み交わし、その家の料理をよばれながら遠野の話に興じる時間は、会社と事業の行く末ばかりが気にかかる平子がふっと心を裸にできるありがたいひとときだ。

愛してやまぬ遠野の大地に根を生やし、覚悟も自信も秘めて元気に五体を動かしている折笠の安定感は、平子の栄養剤であるのに違いない。

「人に喜びを与えねば世の中、回らねえ」

最後に、折笠は生きていくうえで大切にしている自分の哲学を語った。

「木でも秋の紅葉でも、山はきれいでなければなんねえ。俺は藪になって見苦しかった場所に彼岸花の球根を植えてきれいにしたんだけども、きれいな風景が見られるようになったら、遠野も関心が持たれる。美しいものを残すことだな。それしか俺にはできねえ。川のものも少なくなってしまった。ヤマメもウグイもいたよ。それがいなくなっちまった。まだ星空はきれいだ。太陽や月も出る。この美しい、空気のいい、水のいい、風景のいい場所だから、霊験あらたかな徳一大師様が入って（入滅して）くれたのかなと考えている。この、生まれた村でそんな物語を語りながら人生送りたいと思って俺はいんだ。人に喜びを与えねば世の中、回らねえからね」

「苦労することがおもしれえ」と話す折笠は、できることはすべて自分で背負おうと力む平子と酷似している。

二人に共通するのは、己を犠牲にしても生まれ育った古里の遠野を守り抜こうとする澄み切った魂魄である。

ここ、いわきの遠野に、柳田国男の名作『遠野物語』に匹敵する文学作品や宮沢賢治のような文学者は生まれていないかもしれない。しかし、平子が仕掛ける遠野サバイバル作戦はまぎれもなく未来を見越したオリジナルなストーリーが繰り広げられる、現在進行形の『いわき遠野物語』であるに違いない。

それぞれの夢を胸に抱いて物語の主役を演じる平子や折笠は、宮沢賢治の物語を

ドメーヌ・ド・ラパン

彩った素朴で奔放で夢多き主人公たちと見事にオーバーラップする。

こうした平子たちの物語の舞台装置となる、いわき遠野らぱんの食品加工工場「ドメーヌ・ド・ラパン」に目を移したい。

工場は防爆設備を完備した鉄筋コンクリート造り、平屋建てで、一〇〇〇平方メートルの広さがある。工場内には、レトルト殺菌装置、微酸性電解水製造装置、水流搬送式野菜洗浄機、缶詰用半自動巻締装置、練機付き回転窯、瓶ジュース用注液器などのほか、最新式のスーパーオーブン、自動袋詰シール機、フードカッター、フードスライサー、金属検出機がゆったりとした間隔で置かれている。

工場の特徴は、加工食品の製造に必要な設備を一式有しながら、大企業の工場が手出しをしない小口のＯＥＭ生産により、カレーやスープなどのパウチ食品、缶詰、瓶詰、缶飲料などを小ロットからも受注できる小回りの良さにある。

OEMで受注する最小ロット数は、レトルト食品や缶詰、瓶詰で重さ二〇〇グラムの製品一五〇パックから、オリジナルドリンクなどの飲料で三五〇ミリリットル入り二〇〇本から、ジャムやドレッシングなど瓶詰め商品で一〇〇ミリリットル入り一〇〇個からとしており、原発事故による風評被害にあえぐ地元福島の零細な農業生産法人、個人農家などに門戸を開放している。

零細農家にかけがえのない食品加工拠点

ここにも平子の「地元の役に立たなければ創業の意味はない」とする姿勢がにじみ出ている。現在、いわき遠野らぱんが受注生産しているOEMの件数は一〇〇事例を数え、丹精した野菜などの販売に苦慮している近隣や東北地方の農家のかけがえのない食品加工拠点になろうとしている。

野菜は通常、次亜塩素酸を用いて殺菌洗浄するが、この工場では微酸性水を使って殺菌洗浄している。微酸性電解水製造装置から作られる微酸性水は臭いや味がほとんどなく、高い除菌力を有して細菌汚染の防止に威力を発揮している。

平子がもっとも力を入れている野菜スープは、こうした野菜洗浄を経たのち、特殊な鍋で野菜を煮出し、抽出したスープを熟成させて製造される。野菜に含まれる栄養成分のすべてがスープににじみ出す手法で、ビタミン類などの破壊も免れるという。

既存の野菜スープは一般にベジブロスと言われているが、ベジブロスが野菜の根っこやヘタ、皮などの、料理には使わない野菜のクズから取った出汁であるのに対して、無化学・無農薬で栽培された高級野菜の実を丸ごと使用するいわき遠野らぱんの野菜スープを長野は「フィトブロス」と呼ぶ。野菜が外敵から身を守ろうと体内に作りだした化学成分、フィトケミカルを大量に含んだパワースープで、健康の手助けをし、アンチエイジングに重要な抗酸化力と免疫力を高めてくれるという。

いわき遠野らぱんは、長野が一〇数年かけて考案したレシピをもとに、製品化まで三年という歳月をかけている。使用するのは無化学・無農薬で栽培された野菜だけとし、野菜のすべての部位を材料とするため、β－カロテンやα－カロテンが高濃度で含まれている。

平子や長野は営業先などで、よくこう言われる。「それなら、一〇〇％果汁の野菜ジュースと同じでしょ」。しかし、一般的な野菜ジュースは完全に果汁を搾り取るとはいえ、製造過程においてフィトケミカルを包み込む細胞壁が破壊されることはなく、栄養分はジュースに溶けることなく、体外へ排出されてしまう。

平子が独自製法で作った野菜スープと、通常の製法で作った野菜スープを自社比較した分析データがある。

財団法人日本食品分析センター（東京）による分析試験の結果、独自製法のスープからは一〇〇グラムあたり六四mgのビタミンA、一九mgのα－カロテン、七五八mgのβ－カロテンが検出され、通常製法のスープから検出された同じ成分は、ビタミンAが九mg、β－カロテンが一〇九mgで、α－カロテンは検出されなかった。

長野が「魔法のスープ」と呼ぶ理由がここにある。しかし、何度レシピを尋ねても、長野も平子も詳しくは語ろうとしない。加工機械を発注したメーカーに対しても、注文の時点で既製品に独自の工夫を伝えており、同じ加工機械はどこにも存在しない。

オリジナル性が自慢の主力機械、レトルト殺菌装置はパウチ、カップ容器、缶詰、瓶詰めなどの容器入り食品を高温、高圧で殺菌する。それだけでなく、パウチなどに前処理した食材を入れておくことで、調理もできて煮炊きの時間が短縮され、作業効率が飛躍的に向上する。ＯＥＭ食品などは、クライアントの指定した調味液をパウチなどに加えて殺菌と調理を同時にこなす能力がある。

カボチャの旨煮なら、カボチャを一口大に切って醤油と砂糖であらかじめ作っておいた調味液を入れ、真空包装器で空気を抜いてレトルト殺菌装置にかけると、そのままカボチャの旨煮が完成する。

魔法のスープの豊富な野菜成分に自信

野菜スープのレシピを考案し、オリジナルな生産工程をプロデュースした長野によれば、通常の野菜の菌の量が一〇あるとしたら、ベジュールから届けられる足袋抜たちの野菜は一〇〇以上になるという。これは、野菜が自ら健康な野菜であろうとして自分を防御している証拠であり、レトルト食品に加工する段階になった途端、こうした菌が邪魔になるらしい。

このため、平子たちは長野の意見も取り入れて、菌を完全に除去する工程を工夫し続けており、創業時から平子のサポートに徹する取締役の佐川繁子(さがわしげこ)が実質的な工場長として経験を積み、生産ラインを陣頭指揮している。

その佐川も、平子も、いわき遠野らぱん特製の野菜スープがなぜ体に良いのか、その科学的なメカニズムを知り尽くしている。平子はポイントをこう簡単に説明する。

「最大のポイントは、スープに溶けている野菜の栄養分と化学物質の体への吸収率がいい点です。野菜が本来持っている成分、例えばビタミン、ミネラル、ポリフェノールが人体に吸収されやすいことは、他のメーカーが製造する類似商品との差別化につながると信じています。私どもの野菜スープは、煮たり、熟成させたりと複数の工程を組み合わせて製造しますが、これにより野菜の細胞壁というセルロースを破壊でき、細胞から解き放たれた栄養分がスープを満たして体への吸収率が上がるのです」

陽の雫

確かに、一〇〇%果汁のジュースは美味しい。しかし、野菜や果物の栄養価は細胞壁に押し込められたまま、飲んだあとは排泄されてしまう。いわき遠野らぱん自慢の野菜スープに充満する栄養価は、これに対してすべて体に吸収され、平子たちはその効能をつい口にしないではいられなくなる。

彼らが考え出したこのスープの商品名は「陽の雫(しずく)」という。無化学・無農薬で育ち、燦々と照る陽光を浴びた野菜の強い生命力をイメージした命名だ。

八万パックの受注で滑り出す

食品加工工場は平成二七年の二月二六日に検査が終わって、本格稼働が始まったが、当初はサンプルをわずかに生産しながら、平子や長野が販路の開拓に奔走した。この間、佐川はのみ込みが早く手も器用な若手社員たちに機械の操作を教えながら、工場全体の加工レベルアップに心血を注いだ。

やがて東京に本社を置く医療機器の製造販売会社とのあいだで八万パックという野菜スープのOEM生産契約にたどり着き、この会社に最初に二万パックを納品したのは八月の下旬ごろだった。

この夏の野菜スープの出荷に伴い、奥能登・珠洲の農業生産法人ベジュールから、いわき遠野らぱんへは、スープの材料となるカボチャとニンジン、タマネギがそれぞれ一八トン納品され、足袋抜も平子も、無化学・無農薬野菜の可能性をかみしめた。

現在、いわき遠野らぱんは、カボチャとニンジン、タマネギを原料とする主力の野菜スープのアイテムを通常の濃さのスープに濃縮スープ、その中くらいの濃さのスープに分けているほか、ニンジン、トマトといった二〇種類ほどの野菜スープやジュースを手掛け、一方で、OEM生産は急激にアイテム数が増えてきている。

佐川たちが野菜スープや試作した加工食品を地元のバザーや首都圏などの消費者イベントに地道に出展していくうち、各地の野菜生産者や食品メーカーなどにクチコミで広がり、「いま手持ちのニンジンが三トンあるので、ジュースにしてほしい」などの依頼が頻繁に舞い込むようになっている。

いわき遠野らぱんは平成二七年度中の売上を一億五千万円と見込んでいるが、三年後には三億円まで伸ばしたいとしている。原料に使用する無化学・無農薬野菜の収穫量が不安定で、小ロットのOEM生産が多い現状を考えれば、何棟もの温室を使って一年のうちに何度も収穫し、一〇億円規模の売上を誇る大規模農家や農業生産法人にはまだまだ遠く及ばない。だからこそ、平子が狙うのは大規模農家とは異なる土俵で闘う路線であり、その布石は着々と打っている。

「私は食品加工業の会社を興しましたが、できれば食の分野であっても、病気にならないための予防食とか未病食、そういったジャンルのトップランナーを目指したい。そのために、いろんな大学の先生たちに教えを乞うのですが、私が予防や未病に役立つ食品を作りたいと打ち明けた薬学部の先生の一人は「便秘を解消できる製品も必要ではないですか。あなた方が作っている野菜には素晴らしい食物繊維が含まれているので、食物繊維をもっと利用したらいい。不溶性の食物繊維と水溶性の食物繊維のバランスが難しいから、発酵技術も磨けばいい」と貴重なヒントを与えてくれました」

こうして新しいビジネスの種を見つけ、芽吹かせようと行動できるところに、誰と会っても物おじしない平子の気持ちの強さが光る。粘り腰で相談におとずれる平子と接するうち、本当に新商品の開発に協力を始めた研究者もいる。

被災地ゆえに備蓄食の開発にも汗

「世間や社会の役に立て」と口を酸っぱくして求めた父親の言葉を形にする試みとして、平子は長野とともに、震災や洪水、津波や原発事故などで避難生活を余儀なくされる被災者たちに届ける非常時の備蓄食の開発や製造にも精力的だ。

備蓄の条件として、誰が食べても大丈夫なようにアレルギーフリーを徹底し、アレルギー物質を入れない工場にするのも類似品と差別化するうえで不可欠だ。被災地ゆえに備蓄食に寄せる平子の思いはひとしお強い。

行政と進める思いがけない取り組みもある。山岳地帯を抱え、イノシシやシカの農作物被害に頭を痛める長野県と山梨県からの依頼で、猟師が仕留めたイノシシやシカの肉をペットフードの材料に加工する仕事だ。

これらの自治体では、シカを一頭撃つと猟師への手当と肉の処理費用に三万円ほど必要になるとされ、そのコストを少しでも低減するためにペットフードの材料への加工を計画したという。いわき遠野らぱんの存在を知った自治体にとり、工場の規模と設備が充実していて、小回りが利き、ある程度の加工量がこなせる能力は魅力的だったのだろう。肉は解体を経て処理ずみで送り込まれるため、工場にも衛生上の問題はない。需要はまだまだあるとみられ、将来有望な仕事になりそうだ。

いわき遠野らぱんには一二人の社員がいる。地元の高校を卒業した若者、海外の企業で働き、帰郷した男性など、従来は遠野で仕事に就きたくても働き口がなかった人たちの受け皿になるという、平子の固い決意が貫かれていることがよく分かる。

若手社員の一人、二〇歳の小沼郁実（いくみ）は平成七（一九九五）年、遠野に生まれた。三姉妹の真ん中で育ち、姉は埼玉県、妹は茨城県で働いている。米や野菜を作る祖父母の手伝いをするうち、土いじりが好きになり、福島県立磐城（いわき）農業高校の園芸科で学んだ。

東日本大震災が起きたのは高校の卒業式の日だった。海岸部にある家は津波に流されずに残ったが、怖い震災を体験したことで両親と一緒に暮らし、自宅からは離れたくないと希望して、いわき遠野らぱんを職場に選んだ。いまは工場長でもある佐川から直接手ほどきを受け、加工工場内のさまざまな機械の操作の習得に励んでいる。

農薬や化学肥料を使わない農法が体に良いことは分かるが、虫がつきやすく、野菜の形も悪くなる。らぱんで学んだことは、自分の手で水を与え、雑草があれば自分の手で取ること。手を抜かない仕事で育った作物が消費者に喜ばれることの嬉しさ。高校の実習とはかけ離れたプロの責任感も心地よい。

小沼は毎日、会社に出るのが楽しくてならない。この会社に入れてよかった、幸せだとさえ思っている。

「らぱんの認知度はまだ低いと思います。だから、遠野といえば、らぱんと言われる会社にしたい。そのために何事も手を抜かず真剣に頑張りたい。遠野で生まれ、遠野で育ったので私はずっと遠野にいたい。この土地と会社の温かさは私の宝物です」

ベジュールで研修する青年社員の誓い

ベジュールの足袋抜と後谷は何度かはるばる遠野に足を運んで無化学・無農薬の生産方法を指導している。奥能登に健康野菜のブランドを立ち上げ、地域振興の導火線になろうとする足袋抜たちと、遠野の未来を独自の六次化農業で切り拓こうとする平子、それぞれの夢の舞台は離れ離れであろうと、互いに引き付け合う磁力は強い。

栽培指導に熱心な足袋抜と後谷の生き方に共感を寄せる平子は、若い男子社員一人を研修生として珠洲のベジュールに送り込み、無化学・無農薬の野菜栽培を習得した後は社内の栽培チームのリーダーとして活躍してくれることを願っている。

平子の期待を背負い、ベジュールで農作業に明け暮れる冨名和樹(とみなかずき)と会ったのは平成二六(二〇一四)年の一二月一日だった。

珠洲市内のベジュールの畑は氷雨模様で寒かった。そんな畑で泥だらけの冨名が収穫していたのはネギだった。一息ついたところで話を聞くと、寡黙な雰囲気を漂わせた彼はぽつりぽつりと珠洲に赴いた理由を語ってくれた。

平成三(一九九一)年一〇月生まれの二四歳(二〇一六年四月現在)。出身地は福島県いわき市で、父は浄化槽関係の会社に勤めている。母は専業主婦で、姉が一人いる。

磐城農業高校を卒業と同時に猪苗代スキー場に隣接するホテルに就職した冨名は、平成二三(二〇一一)年三月一一日の東日本大震災を境に、勤め先から別の系列ホテルへ異動するか、解雇を受け入れるかと迫られた。まだ二〇歳前で、自動車の運転免許もなく、人見知りで見ず知らずの土地で暮らすことが怖くもあり、解雇を受け入れると、再雇用先のあてもないまま実家に戻った。

そんな冨名を受け入れてくれたのが、震災の被災者を雇用することを条件に県の助成金を受け取り、食品加工工場の建設を計画していた平子の会社だった。「鉄筋屋の社長が魔法のスープを作るために工場を建てる会社」。そんな変わった印象を持っていた会社に入ると、トマト、ナス、ジャガイモ、ネギなどを栽培していたが、従業員たちは誰も有機農業を知らない様子だった。

当時、いわき遠野らぱんにはベジュールの後谷が野菜の栽培指導で月に二回ほどおとずれており、平子が「冨名に能登で勉強させて欲しい」と後谷に頼んだことが、ベジュールにやって来たきっかけだった。東日本大震災から二年後の夏、冨名が後谷に伴われて遠野を離れる際、平子は「農業をしっかり身に付けて、いわきに戻ったら畑の管理と栽培指導をしてもらいたい」と言って送り出している。

珠洲の雇用促進住宅で暮らす冨名は、ベジュールで働いている聴覚障害の青年、中村敬と共同生活している。「東北の湘南」と言われるほど気候が温かく、好天に恵まれているいわき市から日本海の半島のまちに移り住んだ冨名は戸惑い、心細かった。空はどんよりと曇り、カラッと晴れる日が少ないことに気持ちがふさいだ。

それでも、ベジュールの畑が奥能登の外浦にも内浦にも点在しており、多品種の野菜を作っていたのには驚いた。冬の積雪にもたまげたが、ベジュールでの生活は楽しかった。農業高校で学んだことはほとんど役に立たないが、ありのままの自然と向き合って野菜を手塩にかける無化学・無農薬農業は人と話すのが苦手で消極的な性格の自分にふさわしいと思った。畑に種をまき、野菜を収穫し、出荷し、売る喜び、丹精の苦労が報われる喜びを知り、親元へ自分が作ったミニトマトを送ると、「今まで食べた中でいちばん甘くて美味しいトマトだった」と言われ、自信もついた。

「生涯忘れない」足袋抜たちとの日々

日曜日は洗濯をしたり自転車をこいで本屋へ出かけたりする。ミステリー小説やホラー小説が好きだ。同居の中村敬が作るカレーやチャーハン、炒めものなどの料理を食べてのんびり過ごし、夜は作業日誌を書いて好きな音楽を聴く。朝は六時前に起きて畑へ出る。

自分自身を日々成長させてくれる仕事に冨名は夢を膨らませている。

「ベジュールへ来て一年余りたちました。野菜の植え方は覚えましたが、作付計画の立て方がまだ分からないので、もう少し学びたいと考えています。でも、来年八月にはいわきに帰り、いわき遠野らぱんで有機農法の先頭に立っていくつもりです。ベジュールの足袋抜社長や後谷さん、上田さん、中村健太郎さん、中村敬さん、瀬法司さん……、僕が影響を受けた先輩たちは皆さん恩人です。この人たちとの暮らしと仕事は生涯忘れたくありません」

こう話す冨名はトラクターの運転免許も取得し、「やがて遠野の会社にもどったら、無化学・無農薬の農業を地元に広めて、福島の農業の一翼を担いたい」と考えている。

平成二七年の秋、その冨名はまだ珠洲にいた。「俺は農業で生き残る」と誓う中村敬たちと畑で一喜一憂する生活から離れがたい気持ちは仕方がない。

この年の一〇月、輪島市から生放送されたＮＨＫの「のど自慢」に冨名は応募した。残念ながら予選で敗退し、「成長した自分を両親に見せたかった」本選には出られなかったものの、声を振り絞って歌った結果に後悔はない。

元気いっぱいに歌ったのは光ＧＥＮＪＩの『勇気一〇〇％』だった。自分の気持ちを強く前に押し出す選曲からは、シャイで物静かだった青年が能登半島での農業研修で一皮むけ、パワフルな男に成長しつつあることがうかがえる。そんな冨名の変化を聞かされ、平子の目も思わず細くなる。

遠野の未来を照らす「満月祭」

旧遠野町は自治体合併でいわき市に編入するまで八〇〇〇人近くいた人口がいまでは五七〇〇人にまで減少している。

入遠野の集落にはかつて数軒の商店があったが、いまでは一軒もない。たまに巡回販売のトラックがやって来て、住民たちは野菜や鮮魚を買い求める、そんな不便な土地に暮らしながらも、入遠野小学校が廃校の一歩手前でぎりぎり児童数を保っているのは、遠野の親方でもある平子が「このまま母校を無くしてしまうわけにはいかない」と隣近所を鼓舞して、若い住民を増やし、子どもを産み育てやすい地域の輪を広げたからにほかならない。

そんな平子が音頭をとって平成一七（二〇〇五）年に始めた遠野の祭りがある。「満月祭」。毎年、九月下旬の土曜日の夜、三時間だけ開くこの祭りは、平子の古里のシンボルであるウサギと、満月の中で餅をつく月のウサギをかけて名づけられた。秋の夜長を照らし出すまん丸い遠野の月灯りで人々を元気づけ、いわき遠野の心意気を示したい平子の強い願いが祭りのエネルギーだった。

平成二七年の祭りは「いわき遠野二〇一五・満月際」と銘打って九月二六日に開催

されている。和太鼓の演奏があり、横笛コンサート「月光と横笛のひびき」、地元青年会による「じゃんがら念仏踊り」が繰り広げられたほか、「月宵茶会」「月宵琴調べ」、うまいもの市の「月宵祭宴」がにぎわい、平子たちが考案した新しい遠野のシンボル「いわき遠野面・つきうさぎ」の販売と、遠野高校の生徒たちが作ったオリジナルスイーツの販売が人気を呼んだ。

ひと目もはばからず古里のために汗を流す平子のような人物がいまでは遠野のどこにでもいる。いわき遠野らぱんに託した平子の夢は、満月祭を通して地元に深く染みわたり、次は会社の業績を伸ばして社員を三〇人にまで増やすのが目標だ。

遠野で暮らす若者を一人でも多く会社に受け入れ、父ちゃん、母ちゃん、じっちゃん、ばっちゃんを喜ばせたい。幸せな遠野の人たちの暮らしをプロデュースして、自分も一緒に古里の舞台で輝いていきたい。岩手だけでなく、福島県にもあった平子たちの「いわき遠野物語」はかくも純真で力強く、まだまだ幕を下ろす訳にはいかない人々を主役に、さらに新しい筋書を描こうとしている。

第六章

広がる連携と共感の輪

ベジュール野菜を見つけたバイヤーの驚き

ベジュールにしろ、いわき遠野らぱんにしろ、約束された将来はないが、奥能登再生の旗印を掲げる足袋抜や、遠野の「世話焼き」「親方」として古里を鼓舞し続ける平子には、小売業界、流通業界などの関心と共感が集まり始めている。

石川県七尾市に本社を置き、能登を主戦場にチェーン展開してきたスーパーどんたくが、無化学・無農薬で栽培されるベジュール野菜の存在を知ったのは、バイヤーの一人、山澤睦子（やまざわむつこ）が食材を探しに珠洲市へ赴いたことがきっかけだった。

和菓子、スイーツ、ベーカリー、アイスクリームなどの買付を担当する山澤は、ここ数年、すべて能登の食材を使用したオリジナルスイーツの開発に力を入れている。その仕事で珠洲市をおとずれ、市内の古民家レストランに足を運んだ際、レストランのオーナーからベジュールの名前と足袋抜がこだわる農業を聞きつけ、古くから付き合いのある食品卸会社の七尾支店の営業マンを通じてアプローチしたのが始まりだ。

「農業を通じて古里を豊かにし、美しい海も取り戻したいという考え方が特殊でした。無農薬野菜が身近にあることが嬉しくて飛びつきましたが、プロのダイバーが農業に転身して頑張っていることに何より驚き、強く印象づけられました」

こう話す山澤からベジュールの野菜の存在を教えられた、どんたくの第一商品部青果部統括バイヤー、竹田剛（たけだたけし）は早速サンプルを取り寄せ試食した。当時の率直な感想を竹田は口にする。

「トマトがとても甘いと思いました。カボチャも美味しかった。サンプルを長期間冷蔵庫に入れたり、何日も常温で置いても全く傷みが発生しませんでした。化学肥料や農薬を使った野菜は傷みが早いものですが、無農薬だと傷みにくい。昔の野菜は台所とかに置いておいても傷みませんでしたよね。ベジュールの野菜はそんな感じで、味も高い水準を維持していて、本物に近いなという印象を受けました」

これが契機となり、竹田が初めて青果売場に商品として並べたのは、平成二六（二〇一四）の五月ごろだった。当時のどんたくは、消費地として能登よりも圧倒的に規模の大きな金沢市内への進出に力を入れていた。競合する他社のチェーンスーパーとの差別化を図ることが使命でもあった竹田や山澤の目に、ベジュールの野菜は青果部門の差別化の即戦力になると映った。

商品の選別に強いこだわりを抱くだけに、どんたくに持ち込まれる無農薬野菜や減農薬野菜は決して少なくない。竹田はその中でも、ベジュールの野菜を「徹底して農薬不使用をうたっている特殊な野菜なので、ほかのこだわり野菜とは完全に一線を引いて高く評価している」という。

山澤は「ニラを食べたら味が違いました。シャキシャキ感が違うし、ニラ独特の香りがあとからふんわり出てきて、その美味しさに感動しました。私が消費者なら、倍の値段でもこのニラを買いたいと思うでしょう」とさえ言う。

実際にどんたくの店に並ぶベジュールの野菜は値段が高い。竹田は「スーパーですから彼らにはかなり頑張った値段で納得してもらっている」と言う。それでも、慣行農法で栽培された一般の野菜の値段を一〇〇円とすれば、ベジュールの野菜はその一・五倍、一五〇円前後の値段で売られている。

竹田は「彼らの野菜を都会のデパートへ持って行けば、普通の野菜の値段の二倍から三倍でも売れるでしょう。都会の金持ちには金を出せば安心という傾向がありますから」と言うが、「でも、野菜は宝石ではなく食べ物です。私たちは安全な野菜を金持ちだけの食べ物にしたくありません。大勢の人に食べてもらい健康になって欲しいのです。そんな考えが店の方針の根底にあり、特に地元野菜はできるだけ安くしたい。ベジュールにも、値段は下げてねと頼んでいます」と打ち明ける。

「三流の都会より一流の田舎」で勝負

奥能登の先端で踏ん張る足袋抜たちに好意を寄せる竹田は、七尾市内の農家の長男に生まれた。農家は弟が継いでいる。実家は山澤の実家の近所で、彼女が赤ちゃんのころから知っている。三〇歳でどんたくに入社して、やがて二〇年になる。ここ一〇年間は青果のバイヤーとして活躍しているが、長靴を履いて外を飛び歩き、能登の農家の畑を渡り歩くのが好きだ。「金のための農業じゃだめ。良い野菜作りに人生をかける気骨のある若者が能登にはいないのか。いたら応援する」と思っていた矢先に知り合った足袋抜たちとの出会いは鮮烈だった。何度もベジュールの畑に現われ、話し込むたび、竹田は彼らの純粋で無垢な心持ちに感銘を受けてしまう。

「実際、ベジュールの畑に行って彼らと面と向かって話しますと、気負いがないんですね。芯がしっかりしていて、本気で農業に打ち込んでいる姿には心を打たれます。足袋抜さんと大澤さんは海から丘に上がってきて、環境を良くしたい、地球のための農業をやりたいと言っていますけど、筋が通っていますよね。能登にも侍がいるなあ、そう驚いて、こいつらと一緒にやってみようと思いました」

地元密着で生きるバイヤーらしい話しぶりだが、何より土着で頑張る者への愛情が感じられる。どんたくは「三流の都会より一流の田舎」にこだわる経営方針を打ち出しており、人目に触れない野菜や地元産品を発掘することで、能登の農家を励まし、元気をもたらすことがバイヤーに与えられた使命でもあった。

そうした目的も帯びて、「スイーツの素材を探し出そう」と動きだした山澤の鋭いアンテナにとらえられたのが足袋抜たちの野菜だ。待望のチェーンスーパーとの出会いであり、どんたくが支援してくれる力強さが彼らのエネルギーの一つになっている。

とはいえ、突然のことであり一年目にベジュールから出荷された野菜は、どんたくの青果の売上の〇・〇三％に過ぎなかった。「とりあえず、畑にある売れそうな野菜だけ出荷してもらおうか」という竹田のひと言が始まりだから仕方がなかったが、竹田は次のシーズンに向けて、「来年はうちの野菜の五％をベジュールの野菜でまかないたい」と約束し、足袋抜たちも目の色を変えて栽培に打ち込んだ。

竹田によると、どんたくの年商は約一六〇億円を数え、このうち野菜類はおおむね一割の一六億円ほどを占めている。竹田が約束した五％とは単品ごとの割合で、例えばタマネギならどんたくが販売するタマネギの五％ということになる。

どんたくが生産依頼したのは主力品で、ジャガイモ、タマネギ、ニンジン、トマト、ナス、ピーマン、カボチャ、冬のダイコン、カブ、葉物ではホウレンソウ、コマツ菜だったが、味覚に敏感な山澤は「葉物の味が良く断トツでした。ベジュールのコマツ菜は手にした時から違うと感じました」と賛辞を惜しまない。

奥能登の浮上に一役買いたい

竹田は、足袋抜の周囲に、新しい農業に魅了された若者たちが苦労も覚悟のうえで吸い寄せられていると見ている。人間的な魅力に加え、野菜をアピールするときも、パワーポイントを楽々使いこなす足袋抜の聡明さが頼もしく目に映る。

竹田は目を細めて言う。

「幸いリピーターは出てきています。だけど、私たちに無化学・無農薬の野菜の売り方に未熟な面があり、まだ消費者に浸透するまでにはなっていません。売上に占めるベジュールの割合が少なく、売場担当者が特別な野菜を売っているという意識が希薄なことも一因です。そこを何とかしたいと、私はベジュールの畑にチェーンの各店舗の主任たちを連れて乗り込み、除草を手伝うなどして彼らの苦労を感じて欲しいと努力していますが、そこまで対応しようと思わせてしまうベジュールには不思議なチカラがあります」

消費者がどこまで無化学・無農薬野菜を支持してくれるのか。それを見極めながらとしつつ、竹田はベジュールの野菜の取扱量を現在の五%から一〇%、一五%まで増やしていく計画を温めている。

どんたくはいま、最低限の農薬しか使わない「特別栽培野菜」を日本中から集め、青果の主力として販売している。扱う野菜が多様化していくなか、ベジュールはその象徴になろうとしている。

「ベジュールに肩入れするのは、鮮度がいいこと、美味しいこと、安全であることです。それと、野菜の形が良い。健康な良い野菜の証しです。ベジュールの野菜はきちっと育っていて、納品されるサイズは正確です。なかなかできることではありません。独占はしたいですが、ぜひ全国に名前が売れて欲しいものです」

若いころ、世界を放浪した経験をもつ竹田は、かつての自分のように、己の力だけで立とうとする足袋抜たちの健気さがいとおしくてならないのだろう。その口ぶりには終始、優しさがにじんだ。

耕作放棄地で飛んでる野菜を作るロマンがいい

どんたくはもともと鮮魚の卸問屋だった。スーパーの経営母体は山成商事株式会社で、代表取締役社長の山口成俊（やまぐちなりとし）は創業者から数えて三代目にあたる。

創業者の祖父は鮮魚卸、網元、塩干問屋などを手広く営んでいたが、三人いた男の子にそれぞれ商売を継がせ、山口の父が昭和二〇年代に鮮魚卸を継いだ。当初は目の前の海で採れた魚を地元をはじめ全国へ出荷していたが、食品スーパーが流行りはじめた昭和三八（一九六三）年に、鮮魚卸業のかたわら、どんたくを創業した。

「商売が好きではなかった」と言う山口は後継者になる気はなかった。ところが、昭和五四（一九七九）年に父親が五二歳で亡くなり、わがままは許されなくなった。山口は大学を卒業した翌年で二四歳に過ぎなかったが、姉と妹にはさまれた一人息子の長男だったため、後を継ぐことを強いられた。社長は母親が務め、山口は専務として実務を担い、平成六（一九九四）年に社長に就任している。

現在、どんたくチェーンは一四店舗を数え、創業の地である能登に一〇店舗、金沢市内に二店舗、同市近郊に二店舗を展開している。

「本当は金沢まで進出したくなかったのです。やはり地元の能登だけで経営していきたい。しかし、七尾で六店舗を構えていたころ、人口が増えず、能登の穴水、宇出津、高浜、鳥屋に相次いで店を出しました。でもやっぱり能登は少子高齢化が激しく、二〇年後には人口が三割減ることが分かっていたので、平成二二年、私が五五歳の年に意を決して金沢へ進出しましたが、競争が激しく、以前にも増して軸足を能登に置き、能登に密着したスーパーであることで差別化したいと考えています」

能登をベースに業界でのサバイバルを期する山口の目に、足袋抜やベジュールはどのように映っているのだろう。

足袋抜が元スキューバダイバーでプロのインストラクターだったことを山口は知っている。素人でありながら、無謀にも無化学・無農薬の野菜栽培に挑んでいることも承知している。しかし、指導を仰ぐ人たちの助言には素直で、一直線に前へ突き進もうとする姿は見ていて爽快に映るらしい。

「われわれも能登の企業なので、珠洲の先っぽで、しかも難しい無農薬で、ど素人の若者が栽培している野菜を応援するのが仕事だと思います。放っておいたら人口が半分になってしまう能登で、地元の若い衆の雇用にもなっているのだから、そこにロマンを感じて応援してやらなきゃと思ったのです。山の中の不便な耕作放棄地で、飛んでいる野菜を生産しているロマン。いいですよね」

不思議と欲がない能登の人々

山口が彼らに投げかける視線は温かい。だが、「あいつらはメシを食っていかなければならない」という現実も一方にあり、甘やかそうとは思っていない。「良い物を作れ、悪い物は売り物にならない」と言い渡すのは当然であり、あえて厳しく接する親心がないとベジュールは伸びていかないことを山口はわきまえている。

というのも、スーパーで商品を買う客たちにベジュールへの親心などないからだ。客は品質と値段次第で品物を買っていく。手間暇をかけ、コストを投じて彼らが栽培する野菜が、普通の野菜と比べて値段では太刀打ちできない以上、厳しく叱咤もしながら、見守っていくしかない。それが山口のスタンスなのだという。

地元の産品をどこよりも多く扱うべきだと考え、「能登のスーパーならば、どのスーパーよりも能登の生産者とつながっているべきだ」とする方針が山口にあったから、ベジュールは竹田や山澤から見出される幸運にも恵まれた。

そうやって発掘した能登の産品には、酒、鮮魚、青果、塩干物など、店に置きたくなる逸品が少なくない。ところが、肝心の生産者たちは「零細でたくさん生産できない」「配達できない」などと口にして、欲のない人たちがあまりにも多い。

こうした能登の人たちの奥ゆかしさ、おとなしさが歯がゆいからこそ、山口は誰もが及び腰になりそうな無化学・無農薬農業に真っ向から挑んでいる足袋抜たちだけは、そうあって欲しくないと願っている。

山口には「アメリカの後を追うように日本もオーガニックの時代だ。安全安心や長寿社会が叫ばれ、無農薬野菜の需要は絶対にある。消費者の理解がまだ浅く、知名度も低い以上、本来なら二倍はする小売価格を一・五倍に抑えていけば、きっといずれはブレークする。ベジュールに将来性はある」とする見通しがある。

だからこそ、山口もベジュールの畑にまで足を運んで応援を惜しもうとしない。

「去年（平成二六）、初めて彼らの畑に行ったのですが、足袋抜はいい奴でしたよ。竹田や山澤が好きになった理由がよく分かった。陽をあてて伸ばしてやらないといと思いましたよ。幸い、うちはベジュールに肩入れして失敗してもビクともしません。売上一六〇億円のうち野菜は一割の一六億円です。いま、ベジュールの野菜は年間に一五〇〇万円ほど仕入れていますが、来年、青果の仕入れの金額で五％まで取引を増やせば、彼らには八〇〇〇万円の仕事になる計算です。まあまあですね」

「三流の都会より一流の田舎」と社内で言い出したのは山口だという。文化性とか便利さで都会には勝てないが、逆に田舎だからこそキラリと光るものはある。早稲田大学を卒業して泣く泣く家業を継ぐため帰郷した山口だけに、「田舎で生きていく」ということに対する感覚は鋭敏だ。

「いい目をして、いい顔色をして生きている」

「東京の大学を出たけれど、人口が増えない七尾で頑張ってきて良かったなと思うね。大企業に入った同級生が東京で夜遅くまで電気つけて残業しているわけでしょ、サービス残業を。そんな奴らの頭脳とバイタリティを七尾や能登へ持ってくれば、何をしたってうまく行くと思う。足袋抜はそれを地でやっている。希望を持ち、いい眼をして、日焼けした健康な顔をして、田舎で生活できるというだけで私は羨ましい。だから珠洲はそんなまちを目指すべきです。チャラチャラして、良い車に乗るのではなく、いい眼をして、いい顔色をして生きていけるのが珠洲。そこで踏ん張っている足袋抜は、つい応援してやりたい気にさせる男です」

山口は足袋抜が同世代の若者を何人も雇用して、経営者としても苦労していることを理解している。

「あいつなりに何人か使っているでしょ。収入がなければ人件費は払えないんだから、頑張ってもらわないとね。経営者としての厳しさを彼には求めたいですね。でも、苦労している彼がいい表情で生きていられるのは、珠洲が一流の田舎だからですよ。素人なのに虫がついたらそれで終わる怖い農業をしているのに、あんな伸びやかな顔ができるのは、都会では考えられません。そんな土地で私たちが彼と彼の会社を育てたということになれば、それこそが私たちの勲章です」

ベジュールを発掘したのは竹田、山澤たちどんたくのバイヤーだが、山澤が初めて足袋抜と会う以前から珠洲市にベジュールがあることを察知していたのは、金沢に本社がある日本海側でも最大級の食品卸会社の七尾支店だった。

食品卸会社は酒や菓子、レトルト食品、アイスクリーム、清涼飲料水など一般食品といわれる加工食品を扱うことが多く、この卸会社の七尾支店が野菜や鮮魚を扱ったことはなかった。

最初にベジュールの存在をキャッチしたのも、どんたくを担当し、主に菓子類を扱う営業係長だったが、この係長は、農業とゆかりの浅い若者たちが無化学・無農薬栽培で、しかも能登の先端で頑張っていることに驚き、なんとか応援したいと考えていた矢先に、どんたくの山澤から「ベジュールを詳しく知りたい。できれば取引したい」と連絡を受け、ベジュールとどんたくを結びつけたいきさつがある。

くだんの係長は「私は七尾支店ですし、どんたくさんも能登が地盤です。過疎に悩む能登をなんとか元気にしたいと私は思っていましたし、どんたくさんとの思いが合致したことが始まりでした」と言う。

当時の七尾支店長で、部下の係長から報告を受けた同社の商品部長は、環境保全を目的に農業を始めた足袋抜の生き方にも共感して、ベジュールの野菜を扱うことを即決したという。

「わが社のベジュールの野菜の扱い高は年間一五〇〇万円くらいで微々たるものですが、ほぼすべてをどんたくさんに卸しています。私ども素人が野菜を扱い始めた経緯もあり、まずはどんたくさんの協力が必要です。量も少ないことですから、いまはPRせず、どんたくさん一本に絞って卸しています。せっかく能登に拠点があり、限界集落になりそうな地域の活性化は、私どもも、どんたくさんも望むところでした」

今後については、同社の外食部を介して、外食ルート、給食、レストラン、ホテルなどへベジュールの野菜を売り込む可能性もある。収穫量がまだ少ないため、ベジュールの野菜の販路を広げるにしても、慌てる必要はない。珠洲という辺鄙な土地から宅急便で出荷していては運送コストもかかるので、この食品卸会社は当分、七尾から珠洲まで食品を届けているトラックの帰着便を活用する形で支援している。

種苗会社も共感の輪の中へ

スーパーのどんたく、地元の食品卸会社などが野菜の仕入れ先としてベジュールを直接支援しているのに対して、将来性があって市場性も高い外国野菜の栽培を勧め、じかに栽培方法も助言しながら、ベジュールの未来に期待を寄せている種苗会社も、足袋抜たちへの共感の輪に加わっている。

この企業はトキタ種苗株式会社。埼玉県さいたま市に本社がある。農業界に種苗を提供し、新たな野菜品種などを開発して広めるのが立ち位置で、全国の種苗小売店と、その先にある農家と密接な関係にある。

日本国内の種苗メーカーは約三〇社とされる。トキタ種苗は中堅だが、二年後に創業一〇〇周年を迎える。この会社の強みはミニトマトをアメリカから初めて日本に導入し、ミニトマトを日本の食卓に根付かせた先見性にある。

トキタ種苗の開発普及室係長で、イタリア野菜の普及を任務とする「グストイタリアプロジェクト」の福寿拓哉（ふくじゅたくや）リーダーは、平成二六（二〇一四）年一一月、同社の圃場で野菜を展示する「農場オープンデー」の会場に姿を見せた足袋抜と知り合った。

福寿はそれ以前に、さいたま市から「地元の若者たちとイタリア野菜に取り組めないか」と依頼を受け、平成二五年から「さいたまヨーロッパ野菜研究会」の若手農家と仕事をしていた。福寿は新しい市場開拓に大学の研究者も交え、アカデミックな手法に精通している。埼玉県はいま、そんな福寿たちや同野菜研究会の努力によって、ヨーロッパ野菜、とくにイタリア野菜の産地として注目されている。

さいたま市内の芝浦工業大学でも、珠洲市出身の教授が農作業を簡略化するシステム開発の研究を進めており、トキタ種苗は珠洲市、さいたま市のCOB事業で芝浦工大と産学連携していくことになった。福寿は付き合いのあった珠洲出身の大学教授が取り持つ縁で足袋抜と知り合い、奥能登にイタリア野菜の産地を作る新たな仕事と向き合い始めている。

二人はトキタ種苗の「農場オープンデー」の翌月、芝浦工大、金沢大学、トキタ種苗の意見交換会で再会すると、初めてゆっくり話し合う機会を持った。

種苗開発の最先端で活躍し、農作業について細部まで知る福寿にとって、足袋抜のプロフィールは興味深いものだったが、いざ農家として足袋抜たちが独り立ちしていけるのか、最初に受けた印象は心もとないものだった。

「話を聞けば、聞くほど、ベジュールのネックになっているのはベーシックな農業技術がない点だと分かりました」と、福寿は単刀直入だったが、足袋抜の海を守り、珠洲の農業に変革を起こしたいと願う気持ちを耳にして、気が変わった。

能登半島の先っぽでイタリア野菜を栽培する

「腰を据えて話をした結果、僕はベジュールさんの将来性に期待を抱きました。農業は時間がかかる仕事であり、技術は覚えていけばいい。肝心なことは将来です。いま僕らが取引している農家の九割近くは、六〇歳から八〇歳という高齢な人たちです。こうした農家さんと五年先、一〇年先のイタリア野菜の未来を語り合うのは難しいことです。グストイタリアプロジェクトは、会社としても可能性があると思っていて、ベジュールさんも加わる意志があるのなら、一緒に取り組んでいいと考えています。石川県の珠洲市という、能登半島の端っこで、いち早くイタリア野菜の種がまかれ、大きな産地に育っていくことは僕たちにとってもプラス要因です」

福寿によれば、ズッキーニやゴーヤは一〇年前には「何これ?」と言われたものだが、いまやポピュラーな普通の野菜として普及している。ブロッコリーも、東京オリンピックの年に初めて日本にお目見えしたが、すでにスーパーの定番野菜だ。「イタリア野菜の最終的なゴールもそこにある」と言う福寿の仕事は、まだ市場にわずかしか出回っていない知名度の低いイタリア野菜や外国野菜の栽培を奨励して、勇気を奮って栽培に挑む農家を支えていくことだ。

いま、ベジュールはトキタ種苗の種を使い、「カリフローレ」「ロマネスコ（ダ・ヴィンチ）」「スティッキオ」「ぷちピー」「ゴルゴ」「フィオレット」「カーボロネロ」などのイタリア野菜に取り組んでいる。平成二七年の九月、福寿は秋冬作の現状を確認するため、珠洲の畑をおとずれている。

「いま畑に植わっていて、一〇月から一二月にかけて収穫できる作物を一度このタイミングで把握するため出向いてきました。渡した種の種類は把握しているので、どれくらい芽が出て、どんな生育状態なのか、不具合がないかなどを現場で視察し、ベジュールの人たちが感じていることも吸い上げて帰るのが目的です」

福寿とベジュールのあいだには、すでに仕事を通じた付き合いが生まれているが、多くの農家がしり込みするのとは裏腹に、少しでも可能性があるのなら果敢に実行して成果を得ようとするベジュールの姿勢に福寿も嬉しげだ。しかし、トキタ種苗の種をまいて慣行農法で栽培する農家が多い中、無化学・無農薬で栽培しようとするべジュールの将来性を福寿がどのように見通しているのかが気にかかる。

「無化学・無農薬という栽培領域は農業の最高峰に位置すると僕は考えるのですが、素人の方々が選択したことには違和感を覚えたものです。農薬には否定的な見方もありますが、農薬を使うことで日本の農業は伸び、生産性も向上してきました。日本の農薬基準は世界的にも厳しく安全であり、日本の野菜は最低限の農薬使用で栽培されていると認識しています。それでも、あえて無化学・無農薬にこだわることに危惧するのは、野菜がしっかり採れず、経営自体が成り立たなくなることです。ですから、いろいろと意見交換をして僕なりに助言しています」

意見交換の場で、足袋抜たちは驚くほど素直だという。プロの農家と比べるからかもしれないが、福寿に対して彼らは質問を浴びせ、助言した言葉に対しては従順に反応し、畑の仕事の改善も素早いという。

福寿と彼らのやり取りは、こんな感じだ。

「芽が出ないんですが……」

「種はどうやってまきました？　土はどのくらい？　水は？　まいた日の温度は？」

「苗はもう畑に移してもいいですか？」

「もうあと一〇日ほど待ってください」

「どのくらいの間隔をあけて苗は植えればいいでしょうか？」

「三五チセン間隔で植えてください」

「葉っぱが黄色くなって来たのですが、どうしてですかね」

「肥料はあげました？　水やりました？　雨が降りました？」

かくもこと細かな質問をベジュールの面々は繰り出してくる。

最高峰に挑む何も知らない奇妙な奴ら

最高峰の農業に無謀な挑戦をしている人間が、基本的なイロハの質問をぶつけてくることに、福寿はさぞかし面倒くさがっているのではないだろうか。

「確かに面倒くさい。ただ、僕は自分の仕事にベジュールと似ている部分を感じる。イタリア野菜への僕らのチャレンジと、ベジュールの人たちが素人なのに農業へ飛び込んだことが似ていて、話していても苦になりません。ゼロから何かを創り出そうとするモチベーションは高く、そこに、僕が共感してしまう理由もあるのでしょう」

そんな福寿の挑戦とは何か。「グストイタリアプロジェクト」という言葉がポイントだと察して、聞いたところ、「グスト」とは英語でいうと like（好き）という意味で、「グストイタリア」は「イタリアを食べよう」といった意味になる。ほかの種苗メーカーにはない事業領域で、リーダーの福寿を含め、種を開発するブリーダーが三人、普及担当が三人、あとは営業マンで、しめて一〇人の陣容だ。

農業はいまや縮小産業だ。人口が増えていた時代は大量の野菜が栽培され、消費されるリズムで業界全体が動いていた。ところがいまは、食べる絶対量が減少に転じてリズムが変わった。そこで、種苗業界は従来にはない付加価値のある商品を模索し始め、業界全体が海外展開へと積極的に舵を切っていった。

トキタ種苗も二五年前、中国のチンタオに会社を作り、一八年前はインドに、二〇〇九年にはイタリアのボローニャに進出して、グストイタリアプロジェクトが始まる契機となった。その後もアメリカ、チリに会社を作り、輸出産業に脱皮した。「種」は日本とオランダが優れ、この両国が世界一の座を競う業界と聞く。世界の種苗マーケットは大きく、海外展開が当然の流れだった。トキタ種苗は、イタリア野菜が日本であまり流通していないこと、イタリアの食と文化と芸術に対して日本人が好意的で受け入れられやすい点、イタリアンの飲食店が日本中で増えていることなどを追い風に、国産のイタリア野菜を全国津々浦々に普及させることで市場が拡大すれば、ビジネスチャンスも広がると展望した。

何百通りも品種改良する種苗業界

この分野に人材を投入して、種苗の開発に力を注ぐ種苗メーカーはほかになく、トキタ種苗は日本人の美食への貪欲さと「イタリア野菜」の可能性に期待を寄せて、平成二二（二〇一〇）年にグストイタリアプロジェクトを立ち上げている。

しかし、イタリアの種を日本で植えても、土も気候も違うため、野菜の栽培はできない。そこで福寿たちは、品種改良（雄花と雌花の掛け合わせ）を何百通りも試み、日本に適した品種を創り出し、わずか六種類の種から始まった事業は、現在、二五種類の種を扱うまでに成長している。

だが、福寿たちもまた、失敗や挫折を何度も味わっていた。

「浅はかにも僕たちは最初の三年間、せっかくの種を普通の流通に乗せてしまった。種を売りさえすれば、後は農家が栽培して農協へ出荷し、モノは市場に流れてスーパーにも並ぶと思い込んでいたのです。ところがその三年間、イタリア野菜は見事に売れなかった。農家も、これじゃ続かないと弱音を吐きました」

これではプロジェクトとは言えない。そう思案した福寿は、年間に二〇回から三〇回も食のイベントに野菜を出展し、自ら野菜を扱うシェフや外食産業の関係者たちにイタリア野菜を紹介した。すると、他店との差別化を狙う外食産業が敏感に反応を示し、「あるときだけでいいからイタリア野菜が欲しい」「とりあえず栽培農家さんを教えてよ」といった話の応酬から、新しいマーケット発掘の糸口をつかんだ。

福寿は昭和五七（一九八二）年三月、東京で生まれた。大学生となり、飲食店でバイトをしつつ、海外を貧乏旅行しているうち、青年海外協力隊で開発途上国のために働きたいと思うようになった。その思いは学生時代を通して変わらず、大学を卒業するとすぐ、青年海外協力隊の農業部門の研修先だった長野県八ヶ岳山麓の農業大学校社会人コースに入り、一年間みっちりと農業を学んだ。

海外青年協力隊を経て抱く夢

そのうえで試験に合格し、晴れて青年海外協力隊の一員となったが、農業指導の分野を選んだのは、学生時代にバイト先の飲食店で毎日何一〇キロもの食べ物をゴミとして捨てていたころ、アジアの貧しい国で物乞いをする数多くの子どもたちを目にして自分の日常を恥じ、食べ物を作る仕事で途上国に役立ちたいと思ったからだった。

最初に派遣されたのはグアテマラの標高二五〇〇メートルの高地で、アメリカのファストフードにキャベツやブロッコリーを供給する生産地だ。ここで野菜の栽培指導隊員として二年間勤務した。

福寿がグアテマラの畑で見た種はすべてオランダと日本のものだった。初めて種苗は日本とオランダが世界の双璧であることを知り、帰国後、トキタ種苗に入社した。社長面接で即採用が決まったのは、福寿がスペイン語を話せ、会社がアメリカ、メキシコ、グアテマラなどへ出張できる人材を探していたことも幸いした。三年半後に国内業務の専従となり、任された仕事がイタリア野菜の普及プロジェクトだった。

海外青年協力隊員になるという夢を実現させ、イタリア野菜の普及という新しい夢を抱く福寿だからこそ、同世代の足袋抜たちへも肩入れしたくなるのだろう。

福寿は、イタリア野菜の栽培を勧めた際、「それ、やりますよ」とためらいなく答えた足袋抜の明るい声を聞き、「彼らは何かを成し遂げそうだ」と期待が膨らんだという。それ以上に、難しい農業で夢を具体化させようとする若い一団には何より好奇心がそそられてならない。

「彼らはやがて、農業から離れた古老を再雇用できるかもしれない。僕たちと同世代の農家が担う役割はそこにあって、高齢化していく農家と地域をいかに活性化し、事業展開するかが課題です。だから珠洲市でイタリア野菜を育てる取り組みに携われるのであれば、惜しみなく応援したい。ベジュールの販売先はしっかりしているので、いまは野菜マーケットのニーズを情報提供しています」

そのうえで福寿が彼らに求めるのは栽培技術の確立だ。変わったことをやらず、正しく種をまいて、きちんと水をやり、記録を取っていく。最近は気候変動が激しく、ベテラン農家の長年の勘では読めない気候になってきている。データを取る作業は年配になると難しく、これからがベジュールの出番だと福寿は強調する。

「僕が彼らに寄せる期待は、地域が野菜作りを通して活性化することに尽きます。農業を辞める人が減り、同時に後継者も育っていく。そんなストーリーの主役としてベジュールの仕事が軌道に乗れば、高校や大学を出た若い人が一緒に働きたいと農業に就くかもしれない。地域の若い世代が農業後継者となる仕組みの中心に立とうとする彼らの成功は、地域の夢といって間違いありません」

食文化研究家が感銘を受けた男気

いわき遠野らぱんは、社長の平子桂廣がもつ幅広い人脈がビジネスを支え、平子のおおらかで人に尽くす人柄に吸い寄せられる人たちの輪に包み込まれている。

その輪の中に、平子が野菜スープを製造しようとする際、直接手ほどきをし、知恵を授けた恩人がいる。この人は福島県の食文化研究家で、ＮＨＫの大河ドラマ『八重の桜』で劇中の郷土料理も監修した管理栄養士の平出美穂子（ひらいでみほこ）だ。

平出は栃木県宇都宮市の出身で会津若松市に嫁いだ。福島県に管理栄養士として勤務したあと、郡山女子大学で教べんも執った栄養学の専門家で、大学に勤めていた当時、平子が「特産の自然薯と遠野の川で捕れたサケを地元のために加工できないか」と相談におとずれたのが付き合いの始まりだった。

平出の記憶にある平子は、縄文時代の特徴である灰の文化が残る遠野の話をとうとうと語り、落葉を燃やした灰でアクを作り、昔ながらの方法でコンニャクを作る遠野の食文化にほれ込んでいた。

数年後に再会したのは、東日本大震災の直後で、平子はすでに無化学・無農薬農業を始め、原発事故に伴う放射能汚染の影響を避ける大きなビニールハウスを建て、レタスを栽培していた。そのスケールの大きさと、傷ついた福島の農業の再生を率先して目指そうとする男気に感銘を受けて以来、平出は平子の会社の顧問のような立場で製品作りに助言し続けている。

三年がかりとなった野菜スープの試作期間において、平出は栄養食品としての機能性を最大限発揮できる製法の細部に知恵を絞り、味の工夫にも時間をかけて平子たちをサポートした。

平出によると、スーパーで売っている野菜と平子がスープに加工する野菜との大きな違いは、まず味だ。とくに旨みと甘味がある。その土地のエネルギーを吸収して育った野菜、例えば会津なら、阿賀野川、只見川の氾濫地の跡に育った伝統的な野菜は豊かな旨みと十分な栄養素を含んでいる。こうした旬の野菜は生命力に長けており、平出は「これこそが私たちの体にマッチする野菜、私たちと一緒に生きてきた野菜です。だからこそ化学肥料も農薬も使わない野菜を加工し、商品化することに私も賛同できました」と語る。

平出がとりわけ注目するのは、JAの指導のもとで栽培された規格品の野菜と比べ、農薬を用いないらぱんの野菜は決して形は良くないが、ヒゲや根っこの一本一本の中にその土地の生命力が宿っている点だという。

「らぱんの野菜スープは命の素」

平出が疫学調査で福島県の平均寿命を調べたところ、野菜を多く食べる奥会津が一番高く、中通りはそれより三、四歳、浜通りは五歳低いことが分かった。平出は「食生活は、やはり奥会津のように、じっちゃん、ばっちゃんが軒下で農薬を使わないで作った野菜を無駄なく食べる地域が長生きしています。こうした食文化を私は栄養士として尊いと考えますが、らぱんの取り組みもこの基本線にあり、私はらぱんの野菜スープを命の素（もと）と呼んでいます」と言う。

実際に、いわき遠野らぱんは、スープを取った後の野菜の身をカレーなどに使い、最後まで食材を無駄にしない。かつて平出は福島県の依頼で、エゴマの油を搾ったあとに六二％出るカスに麹と塩を加えてゴマみそを試作したことがある。いわき遠野らぱんも、そんな平出の指導で、スープを搾ったあとに固形として残ったカボチャ、ニンジンの身を「ラタトゥイユ」や「カレー」に加工して販売している。

カレーの絶妙の美味しさの秘訣を聞いたところ、なたね油と塩しか入っていないと平出は打ち明けた。

平出にとっても、手塩にかけて開発した野菜スープや数々の加工食品は我が子同然だ。その将来性を語る言葉にも、つい力がこもる。

「らぱんのスープに溶け込んでいるエキスが生命力の素であるなら、術後食はもちろん、赤ちゃんの離乳食にも向いているでしょう。塩も何も入っていないので食べ物の原点として安心な本物の味は魅力です。有機栽培はハウスでは難しいですが、露地で太陽の光を浴びれば栄養素も違ってきます。アミノ酸の含有量が多くなり、ビタミンCや葉緑素も多くなる。天然の力とは偉大です。自然の食べ物を、春夏秋冬に育ったそれぞれの役割をかみしめて頂くことで私たちは生かされています」

平出やインテリジェンスリンクの長野のような食と栄養のプロデューサーから多彩なヒントを受け取る平子が、介護食や老人食、災害時の備蓄食などにも関心を寄せていることはすでに記したが、平子はそのすべての実現に向けて猛烈な勢いで動き出している。行動を起こさない限り、プランやビジョンといったものは机上の空論でしかないことを平子は知り抜いている。

その行動は素早く、備蓄食の開発と製造については東日本大震災の被災地でもある福島に生きるがゆえに、とりわけ迅速だった。

備蓄食開発に現われた青年実業家

平子にとって幸いしたのは、農業に軸足を置いたビジネスに詳しい長野が、カレー専門の食品加工会社を創業したばかりの青年実業家から「カレーの備蓄食を作りたい。力添えを願いたい」と協力の依頼を受けていたタイミングと時期が重なり、すぐに共同開発の相手が見つかったことだった。

この会社は金沢にある創業からまだ四年目の三徳屋（みつとく）株式会社だ。代表取締役の大聖寺谷（だいしょうじや）勇は、金沢市内の米穀販売会社で学校や事業所向けの給食を営業する職に就いていたが、「人の役に立つビジネスを興したい」と独立を志し、扱いなれた米に関係し、個性的なカレーの店やチェーンで有名な金沢ゆかりのビジネスとして、カレー製造のベンチャーを立ち上げたばかりだった。

大聖寺谷 勇

災害時の被災者に不可欠な備蓄食の開発を思い立ったのは、創業からわずか三日目に東日本大震災が発生し、宮城県の石巻市へ復興ボランティアとして駆けつけたことが発端だった。

独りボランティアバスに乗った大聖寺谷が赴いたのは、海岸に臨む斜面に鮮魚の加工場が建ち並んだ漁師町で、家屋は二〇棟ばかり残っていたものの、海岸線も倉庫も工場も津波被害で悲惨な状況を呈していた。

まだ救援物資も行き届かない被災直後の現場では、底冷えのきつい夜も薄いテント一枚が頼りだった。電気も水道も止まったまま、煮炊きができない現地では、ささやかな差し入れのロールケーキを食べただけ。心尽くしの甘いケーキ、だが水もなく、のどを通らないケーキを無理やりほおばりながら、ふとひらめいたのが「こんな非常時にこそ、日本人の誰もが好むカレーの食事がありがたい。自分がこれから作るカレーを使ったカレーの備蓄食、温めなくても食べられるレトルトのカレーなら社会の役にも立っていける」というアイデアだった。

大聖寺谷は三八歳、昭和五二（一九七七）年一二月に金沢市で生まれた。三徳屋という会社の屋号は近江商人の金言「売りよし、買いよし、世間よし」の三方よしから取った。世間の役に立つ商売がやがて自分に還ってくるという意味である。

起業を思い立ったのは祖父の影響による。金沢出身の祖父母は若いころ東京に出たものの、太平洋戦争末期の金沢疎開中に東京大空襲で家財を失い、裸一貫から古里の金沢で大聖寺谷商店を興した。モノのない時代で、大阪で大量に仕入れて来たタワシや紙、歯磨き粉などの雑貨を商った。その店はいまも化粧品店として残り、八七歳になった祖父が現役で社長を務めている。

三徳屋株式会社の業態は二つある。自社で製造したカレールーをホテルや飲食店、専門店へ供給する仕事と、プライベートブランド商品として外注を受け製造したレトルトカレーを大手スーパーチェーンや道の駅、高速道路のサービスエリアなどへ卸す仕事だ。レトルト製品は地元ブランド牛を加工した「金沢カレー」など二〇種類ほどある。社員二人とアルバイト一人が大聖寺谷のもとで働いている。

仕事を軌道に乗せようと奔走するかたわら、大聖寺谷は備蓄食の開発を構想し続け、知人から「カレーに賭けて起業した若い実業家がいる。知恵を貸してやって欲しい」と頼まれた長野が相談に乗るようになった。

大聖寺谷によると、いま出回っている備蓄食や災害食は味は二の次で美味しさに欠け、調べたところ、栄養価が低いうえに、アレルギー物質が入っていて誰もが安心して食べられる製品は極めて少ないことが分かった。

こうした問題を取っ払い、お年寄りも、子どもも、アレルギーのある人でも、避難したその場で食べられるカレーライスの開発に焦点を絞った大聖寺谷が、東日本大震災の翌年に企画書をまとめ「平成二五年度・いしかわ産業化資源活用推進ファンド事業」に応募すると首尾よく採択された。これにより、大聖寺谷は石川県から三年にわたり計三〇〇〇万円の補助を得て備蓄食の開発に精魂を傾けてきた。

温めずに食べるアレルギーフリーのカレー

大聖寺谷がたどり着いたのは「アレルギーフリーのお米入りカレー」だ。県の補助を受けているため、石川米と五郎島金時(ごろうじまきんとき)という地元のブランドサツマイモを使用する。パウチの中にルーと米を入れて調理をするが、米粒は完全に溶けて見えなくなる。しかし、食感がしっかり残る天然素材のコンニャク由来の粒を加えることで、カレーライスを食べている感じに仕上がる調理設計だ。

アレルゲンとなりうる食材を使わず、カレーライスの食感を保ちつつ、一袋(三〇〇グラム)あたり三一二キロカロリーの栄養価は、類似の市販レトルトカレーと比べても高い。パウチが立つスタンディングタイプで、火と水のない場所でも、備え付けのスプーンを使ってそのままいつでも食べられる。

アレルギーフリーの加工には充実した設備が必要だが、大聖寺谷が国内の一〇数社の食品加工工場に製造の協力を求めたのに対して、協力に応じられる工場は一つもなかった。「レシピはあっても加工工場がありません」と泣きつかれた長野は、この工程をいわき遠野らぱんに担ってもらうことを決め、アレルギーフリー対応が可能な高度な食品加工力を目指していた平子も即座に協力を約束して、アレルギーフリーのレトルトカレー製造は大聖寺谷と平子の共同ビジネスとして動き出そうとしている。

いまは試作段階も終盤にさしかかり、工程の流れはほぼ固まってきた。三徳屋側で簡易レトルトカレーの原型を作り、いわき遠野らぱんの技術で不足部分を補い、より好まれる味に仕上げていく。らぱん側はいくつもの味のパターンを示し、その中から最終的なレシピが決められた。こうして「アレルギーフリーのお米入りカレー」は、三徳屋がレシピを組み立て、らぱんの工場で完成品として製造する枠組みが確定した。

使われる野菜は無化学・無農薬栽培ではない通常の野菜だ。アレルギーフリーや動物性油脂の不使用、最低五年間の賞味期限といった商品の基本的フレームを大聖寺谷が決め、らぱんはこれらの条件を満たす工程を受け持って大聖寺谷に最終製品として納める共同作業となる。いわき遠野らぱんの守備範囲は味、食感、五年間の保存に耐える殺菌など、三徳屋には不可能な領域であり、足らざるを補い合い、どちらが欠けても成り立たないジョイントビジネスといえる。

大聖寺谷は、そろそろ販路を求めて動き出そうとしている。石川県の防災対策課に話を持ちかけ、県内自治体の災害備蓄食糧に採用してくれるよう働きかけていくほか、病院や介護施設、さらに大企業には三日間分の食糧備蓄を行なっているところもあり、ターゲットは決して少なくないはずだ。

仮に、ベッド数が一〇〇床ある病院で、患者と医師、看護師、その他の事務職員などを含め、およそ二〇〇人が災害で孤立したとする。救援物資が届くまで三日以内の備蓄が必要とされる条件下では、その間、二〇〇人×九食の一八〇〇食がバックヤードに備蓄されていなければならない。そのうちカレーの占めるシェアはどれほどか。しかし、カレーが国民食の一つとも言われる日本では、一日に一食はシェアできる可能性もある。

「日本の人口の一割の備蓄食をカバーする」

長野によれば、備蓄食はいつ、どこで、どんな災害が発生するかもしれない場合への備えであるため、日本人一億二千万人が三回食べる量＝三億六〇〇〇万食が理論上、一日あたりの必要量となる。冷凍食品などは電気が止まれば腐って終わりだ。かくも巨大な備蓄食市場だが、国内の備蓄食専門メーカーはざっと数えても一〇〇社以上あるという。価格について大聖寺谷が調べたところ、価格は全体的に高く設定されている。このため三徳屋の商品は低めの価格帯に調整される予定だ。アレルギーフリーの安全性を前面に押し出し、年間の目標販売量として日本の人口の一割ぐらいをカバーしたいと考える大聖寺谷の構想は決して無謀とはいえない。

いま金沢カレーはご当地B級グルメとして名高い。三〇年以上前から地元金沢で愛され続けた金沢カレーは、こってりとして濃い目の味のルーが持ち味だ。ライス三に対してルーの量は二の割合で、千切りキャベツが添えられ、ステンレス皿とフォークか先割れスプーンで食するのが定番スタイルだ。トンカツ、チキンカツやウインナーソーセージ、エビフライなどのトッピングを乗せて食べるファンが多い。

こうした金沢カレーの一翼を担う大聖寺谷の業務用カレーは、まろやかで味も塩分も控えめで、幅広い世代に受け入れられやすい優しいカレーに仕上がっている。

一〇数種のスパイスをブレンドして作るのだが、大聖寺谷のこだわりは、胃腸に優しく作用する「コリアンダー」と「クミン」、甘い香りと口当たりを良くする「フェネグリーク」の三種類のスパイスに凝縮している。このカレーの遺伝子は防災用備蓄カレーにも反映されている。

備蓄食を貧しい国々にも届けたい

防災用カレーをいわき遠野らぱんで製造してもらう計画を長野が大聖寺谷に伝えた際、大聖寺谷は即決したという。

大聖寺谷が想像する以上に福島産の食品に対する世間の風あたりは冷たい。その福島で備蓄食を地元の人に作ってもらう大義が、大聖寺谷を前のめりにさせたのだろう。大聖寺谷は「ボランティアで被災地に行った自分にできたことは微々たるものでしかなかった。三、四日しか滞在できず、瓦礫を除去したと言っても、どの程度の力になれたのか、本当に役に立てたのかと自問自答してきました。今回、備蓄食を開発するにあたっては、石川県の補助あっての仕事なので石川米や五郎島金時を材料に使いましたが、これは第二弾商品までであってもよく、今後は福島産の食材も加え、福島の農業の六次化の一助になればと考えています」と語る。

大聖寺谷が調べた全国一〇〇社の防災食の中にカレーはあったが、米が入っているカレーはなかったという。米とルーをセットにしたセパレートタイプはあるものの、温めなければならず、アレルギーフリーの機能を持つ備蓄食も見当たらなかった。

アレルギー対策は今や侮れない重大な着眼点となってきている。被災地で万一発作が起きても医者に診てもらうことなど望めないかもしれない。そこに一石を投じる大聖寺谷と平子の備蓄カレーは大きな可能性を秘めていると思いたい。

三徳屋は平成二八（二〇一六）年三月で、創業して丸五年になった。年商は五千万円に届くところまで来た。人に恵まれた五年間で、客が客をつないでくれたと感謝する大聖寺谷はいま、頼もしいパートナーになってくれた平子とともに同じ夢を胸の内に広げている。

「備蓄食は五年の保存期間がありますが、それを四年に短縮して、まだ丸一年の賞味期間が残る備蓄食をアフリカやアジアの貧しい国々に届けることで、私たちの仕事はさらに社会性を帯びていきます。会社の経営は真剣勝負ですが、勝ち負けだけを生きる物差しにはしたくありません。いつか、そんな希望が叶えられれば本望です」

食品の加工を通じて会社を大きく育て、地元の雇用の受け皿となっていきたい平子の構想は、災害備蓄食の開発と販売、老人介護食や病気の予防食などの開発によって、ビジネスの間口が広がりを見せ、現実味を帯びていくのだろう。

そんなプロセスにおいて、やはり基軸となっていきそうなのが無化学・無農薬で栽培された野菜だけを原料とする野菜スープだ。

この野菜スープはいま、東武百貨店の一部の店舗などで販売が始まっているほか、東京都内のある病院でも小ロットながら常備され、わずかずつだが、販売の糸口が見つかってきている。

とりわけ、いわき遠野らぱんが期待を寄せているのは、東京都の品川区に本社を置いて医療機器の製造販売、医療経営コンサルティングなどの事業を展開する株式会社バイタルとの契約だ。同社といわき遠野らぱんはすでに八万パックの野菜スープを製造、販売する契約を結んでいる。

この契約は、長く医療機関に医療機器を納入してきたバイタルと、医療機関に籍を置く長野一朗とのあいだに以前から交流があり、バイタルがその長野から野菜スープの出来栄えを聞かされたことが契機となって実現した。

バイタルは従来、各分野の先進的な医師たちと数多くの医療機器を開発してきたほか、海外から最新の機器を輸入するなどして、医療界に深く食い込んできた。

いまも、それがビジネスの基幹ではあるものの、アルコール分解酵素やアセトアルデヒド分解酵素などを配合した二日酔い対策の革新的なサプリメント「アフター・

ラック」を自社開発し、栄養機能食品の分野へも参入し始めたタイミングも重なって、野菜スープの販売に乗り出した。

創業者の一人で、経営の陣頭指揮に立つ代表取締役社長の一関政男(いちのせきまさお)は、平子や長野が情熱を注ぐ野菜スープの将来性を見込んでいた。一度、実際に野菜スープの原料に使われるベジュールの野菜を試食し、甘くて懐かしい、野菜本来の味を知ると「これは本物の野菜だ」と確信し、専門の検査機関でもスープの成分などを調べている。科学的な評価はまだ届いてはいないものの、近いうちにバイタル、いわき遠野らぱんの共同出資による新会社を立ち上げ、野菜スープの販売に本腰を入れる構想も固まっている。

「あの野菜スープはきっと世の中に浸透する」

八万パックの納入契約はOEMとし、平成二七年夏の二万パックはその第一弾ということになる。バイタルの環境コンサルティング部課長で、「アフター・ラック」の開発者でもある清水達也は「まだ世の中に知られていない商品をいきなり八万パックも販売することなど考えられません。賞味期限もあることですし、ゆっくり地歩を固めていくため、最初は二万パックから販売を手探りしていくつもりです」と説明する。

社長の一関もまた、慌てる様子はない。

「あの野菜スープには、病院や老人介護施設、あるいは乳幼児向けなどの栄養機能食品として世の中に浸透していく可能性があります。しかし、性急に売ろうとすれば、うそ臭くなって逆効果になることは目に見えています。ですから当社はゆっくり腰を据えて、わずかずつでも商品の素晴らしさを広めていけばよいと考えています」

一関にはほろ苦い思い出がある。まだ若かったころ、北海道の紋別の病院に心臓外科が設けられた際、バイタルが心臓外科手術に用いる医療機器を納品した直後、現地の医療機関で手術を受けたまだ一〇代のいたいけな患者が懸命の看護のかいもなく亡くなってしまった。それ以来、一関は毎年一二月になると小児病院や総合病院の小児病棟などを訪れ、クリスマスプレゼントを贈りながら、幼い患者を励まし、勇気づけるボランティアに目覚め、医療の世界に身を置く者の一人として、「死」や「生」をまっすぐに見つめるようになった。

自分たちの会社が開発した高度な医療器械で患者を手術したり、治療したり、検査するといったところで、患者と向き合えるのは医師たちでしかなく、自分たちはあくまでも間接的な存在に過ぎない。そんな心持ちがあったからこそ、もっと広く、しかも患者目線、市民目線で医療との新しい関わり方を志した結果が、病気の予防なども視野にいれたサプリメント開発につながっていったのだろう。

さりとて、ビジネスはビジネスであり、一関の心に、いわき遠野の再生に腐心する平子たちや奥能登の未来を見据える足袋抜たちの物語が入り込む余地はない。

情感やロマンといった情緒で左右されるビジネスなど、医療機器の開発や販売という競合の厳しい世界では通用しないことを、一関は心得ている。だからこそ、冷静に緻密に会社をかじ取りしてきた叩き上げの企業人、一関が野菜スープに関心を抱いたことに大きな意味がある。

「慌てずゆっくり」という一関の考え方は確かに理にかなっている。ベジュールの足袋抜たちが栽培する野菜は愛情と手間暇をかけた宝石のような野菜だ。何も慌てて販売先を探し求める必要はない。きっと誰かが見つけだし、今後は多様な形で市場に流れ出していくに違いない。

平成二七年の師走、足袋抜が苦笑いしながら、ぽつりと打ち明けた。

「とうとう出ました。僕らの野菜に張ってあるベジュールのシールがコピーされ、僕らが作っていないレンコンがベジュールの野菜として、僕の知らないスーパーの店頭に現われました。僕らの野菜が高い値段で売られているので、誰かがうちの会社を名乗ったのでしょうか。嬉しいような、腹立たしいような、変な気分です」

地元農家の支援に熱心なスーパーを欺いてまで、野菜を高く売りたい……。そんな不心得者が現れるほど、ベジュールの野菜がじわじわと知られてきているのだろう。見ていないようで、どこかで見ている。足袋抜たちの挑戦に無関心ではいられない人々が確かにいることを肌で感じた、少しだけ痛快な一報だった。

あとがき

能登半島の先端のまち、石川県珠洲市と、福島県いわき市の中山間地である遠野が無化学・無農薬で栽培された野菜で強く結びつき、いずれも限界集落寸前という地方の片隅で、それぞれの夢を追い求める群像の息づかいを描いてきたが、成功した農業のビジネスモデルとして取り上げたわけでは決してない。

むしろ、まだ成功を手にしていないからこそ漂う彼らの悲壮感、不安と希望が相半ばする紆余曲折の日常を現在進行形の臨場感とともに切り取ることで、夢を掲げて生きる者たちの強さを描きたいというのが執筆の意図だった。

どんな土地にも、諦念とあらがう気骨を秘めてひっそりと生きる人たち、かすかな希望をよすがに歯を食いしばる強い人たちがいる。

そこには古くからのしがらみもあり、何かを成し遂げようにも、つい妨げとなるその土地固有の固定観念が重苦しくたちはだかってくる。

本書に登場する農業生産法人ベジュールの若者たちもまた、身近に理解者こそ多くないものの、次々にその凛とした姿に感銘を受ける協力者や支援者たちが目の前に現れ、飄々と自分たちの道を切り拓いていく力強さが夢を叶えるプロセスの中で培われていくことを体現している。

取材を通して受けたのは、ベジュールを率いる足袋抜豪と仲間たちこそ、無化学・無農薬で栽培される野菜のように純粋、無垢であり、彼ら自身が「夢みる野菜」にほかならないという印象だった。

これは、福島県いわき市の農業生産法人、いわき遠野らぱんにも共通していて、遠野の親方を自他ともに認める平子を中心とする群像は、紛れもなく「いわき遠野物語」の主役たちである。岩手県の遠野とおなじ「とおの」という郷愁に満ちた響きを持つ土地で、彼らが宮沢賢治のロマンあふれる小説の登場人物とオーバーラップする強い生命力を秘めていることが痛快であり、鮮烈であった。

成功しなければ世に問えないと考えるのでなく、まだ成功を勝ち取っていないからこそ醸し出される生身の人間力を取材する機会を得たことは幸運だった。

本書の執筆にあたり、成功した農業のビジネスモデルでなくていい、夢に向かって這い上がろうとする群像のドラマを自由に書いていただきたい、自分たちの矜持もそこにあると出版をご快諾いただいた論創社さんに深く敬意を示し、御礼を申し上げたい。

本編の冒頭にも書いたことだが、ベジュールの野菜を食べて病気に打ち勝とうとした妻は、生前末期の一時期、「夢みる野菜」たちを信じて心ひそかに命のほむらを燃やしていたのに違いない。大切な人に生きる希望を与えてくれたベジュールの若者たちにも、改めて感謝の気持ちをお伝えしたい。

「夢みる野菜」の物語はまだほんの序章に過ぎない。取材への着手から刊行にいたるまで二年近くも費やすあいだに、主人公たちを取り巻く状況は刻々と変化しており、このあとがきを書いているさ中には熊本県で大地震が発生した。本書の最終章で取り上げたカレーの災害備蓄食は折しも生産を始めた矢先であり、なけなしの備蓄食を営業には回さず、すべて熊本の被災地に持ち込んで被災者たちに振る舞った関係者たちの熱い行動に頭が下がる思いだった。

ただ一つ残念だったのは、ベジュールの若者たちの生き方に共感を寄せ支援していた能登のスーパーチェーン、どんたくの社長、山口成俊氏が本書の刊行を目前にした今年三月末に急逝してしまわれたことだ。インタビューで語られた氏の言葉は、厳しい社会環境にある能登半島で歯を食いしばる矜持を主人公である若者たちに示した力強いメッセージであり、くじけずに頑張れと励ます慈愛に満ちたエールでもあったと思わずにいられない。

山口氏のご冥福をお祈りすると同時に、氏の熱い志が同社の後進の方々に受け継がれていくことを切に願いたい。

最後に取材、資料収集などにご尽力を賜った江村敬司君にも御礼を申し上げる。

平成二八年五月　　細井勝

細井 勝（ほそい・まさる）

1954年、金沢市生まれ。
20年にわたる新聞記者生活を経て独立後、
金沢を足場にノンフィクション取材を手がける。
主な著書に『加賀屋の流儀』『遭難者を救助せよ』（いずれもPHP研究所）
『稚拙なる者は去れ』（講談社）などがある。

夢みる野菜

能登といわき遠野の物語

2016年6月10日初版第1刷印刷
2016年6月20日初版第1刷発行

著者
細井勝（ほそいまさる）

発行者
森下紀夫

発行所
論創社
東京都千代田区神田神保町2-23　北井ビル　101-0051
電話　03-3264-5254　ファックス　03-3264-5235
web. http://www.ronso.co.jp/
振替口座　00160-1-155266

印刷・製本……中央精版印刷
ブックデザイン……宗利淳一

ISBN978-4-8460-1543-5